80 Hacks für den Führungsalltag

Die besten Impulse und Tipps

Nicole Jähnichen
Ilonka Kunow

HAUFE.

Inhalt

Die ersten 100 Tage   **9**
- 5 Erfolgskriterien für den gelungenen Einstieg   10
- 5 wichtige Punkte für das erste Gespräch mit Ihrem Vorgesetzten   11
- Vorhang auf! Ihr Debüt vor dem Team   12
- Das Erbe eines erfolgreichen Vorgängers: Verwalten oder gestalten?   14
- Altlasten im neuen Job? 3 Tipps für Ihren Erfolg   15
- Vom Außenseiter zum Insider werden   17
- Ihre Networking-Strategie   18
- Networking für Introvertierte   20

Selbstmanagement   **21**
- 3 wichtige Stressblocker   22
- Das stärkt Ihre Resilienz   24
- Auch Performer brauchen Pausen   25
- Pause! Tipps zur Regeneration   26
- Die große Kunst des Weglassens   27
- Priorisieren: Bewährte Techniken   28
- Das A & O der Selbstorganisation: Filtern, Planen, Selbstkontrolle   29
- 3 Tricks, um im Alltag effizienter zu werden   30

- Mehr Zeit mit 3 simplen Tricks 31
- Konzentration! Tipps für störungsfreies Arbeiten 33
- Heilmittel gegen Aufschieberitis 33
- So werden Sie schlechte Gewohnheiten los 35
- Dazulernen durch Feedback 36
- Schwierige Zeiten? Perspektivwechsel mit Reframing 37

Kommunikation 39
- Gesprächsführung mit Fragen 40
- Mit Körpersprache punkten 41
- Überzeugen mit Ihrer Schlüsselbotschaft 43
- Nein sagen: Der Weg aus dem Loyalitätsdilemma 44
- Loben oder Feedback geben? Von der Kunst der Anerkennung 46
- Die Lösung, nicht das Problem im Blick 47
- Tabus und Peinlichkeiten: Feedback in heiklen Situationen 48
- Mitarbeitergespräche vorbereiten 49
- 5 wichtige Regeln für jedes Mitarbeitergespräch 51
- Wertschätzende Kommunikation – 5 Tipps für den Arbeitsalltag 52
- 5 Erfolgsfaktoren für Ihre Präsentation 54
- Workshops erfolgreich moderieren 55

Konflikte und Krisen managen — 57

- 3 Regeln zur Konfliktbearbeitung — 58
- Wenn zwei sich streiten … So werden Sie zum Konfliktmediator — 59
- 3 Tipps zum Umgang mit schwierigen Zeitgenossen — 60
- Win-win-Situationen schaffen mit dem Harvard-Prinzip — 62
- Heiter scheitern – vom richtigen Umgang mit Misserfolgen — 64
- Harte Zeiten? So navigieren Sie gut durch Krisen — 65
- Richtig umgehen mit Fehlern — 66
- Offene Fehlerkultur etablieren mit Failure-Foren — 67
- Problemursachen analysieren mit der 5-W-Methode — 68
- So machen Sie schwache Mitarbeiter stark — 68
- Warnsignale erkennen – Mitarbeiter schützen — 70
- Wenn andere Sie unfair kritisieren — 71

Erfolgreich im Team — 73

- Wie Sie Ihr Team garantiert demotivieren — 74
- Motivation: 3 Top-Anreize für gute Leistungen — 75
- Warum Vertrauen in Ihre Mitarbeiter lohnt — 76
- Einfluss nehmen in der Sandwich-Position — 78
- Survival-Strategien für Sandwich-Manager — 79
- Lücke im Team: Wenn ein Mitarbeiter lange ausfällt — 80

Mitarbeiter führen — 83
- Wie wollen Sie führen? — 84
- Authentisch führen ohne Macht: Das Selbstbild entscheidet — 85
- Was Mitarbeiter von Ihnen erwarten — 86
- Führungsstil: Warum flexibel besser ist — 87
- 5 Navigationshilfen für unbekanntes Terrain — 89
- Die 5 Erfolgsprinzipien agilen Führens — 90
- Agiles Führen: die 3 größten Irrtümer — 91
- Delegieren – gar nicht so einfach — 93
- 3 Erfolgskiller für Zielvereinbarungen — 94
- 3 Erfolgstipps für das Führen virtueller Teams — 95
- Die 5 größten Herausforderungen beim Führen auf Distanz — 97

Kreativitätstechniken — 99
- Der kreative Prozess: Alles andere als chaotisch — 100
- Kreativität fördern ohne Stift und Papier — 101
- Das Force-Fit-Spiel: originell quergedacht — 102
- Blockaden überwinden mit Tick-Tock — 103
- Intuitiv kreativ mit 6-3-5-Brainwriting — 105
- Umdenken mit der Osborn-Checkliste — 106
- Die Kopfstandmethode — 107

- Die Walt-Disney-Methode: Horizonterweiterung dank Rollenwechsels — 108
- Ideen bewerten: 3 einfache Techniken — 109

Herausforderung Diversity — 111
- Jeder Mensch ist anders – und das ist gut so — 112
- Wie Sie Gender Diversity leben — 112
- Umgeben von Silberrücken? Wie Sie ältere Mitarbeiter auf Ihre Seite ziehen — 114
- Mitarbeiter führen im Generationen-Mix — 115
- Interkulturelle Teams führen: die Dos and Don'ts — 116

Entscheidungen treffen — 119
- Entscheidungen souverän fällen und vertreten — 120
- 3 klassische Entscheidungsfehler — 121
- Das 1x1 des Entscheidens — 122

- Literatur — 124
- Stichwortverzeichnis — 125

Vorwort

Es gibt viel zu tun für Führungskräfte. Zeit und Muße, um dicke Bücher rund um das Thema Führen zu lesen, haben sie nicht. Allerdings spüren viele von ihnen in dieser Hinsicht durchaus Informations- und Entwicklungsbedarf. Kein Wunder, Führung lernt man weder in der Ausbildung noch im Studium.

Genau hier setzt dieser TaschenGuide an: Die darin enthaltenen Tipps und Strategien für den Führungsalltag sind nicht nur schnell und kurzweilig lesbar, sondern bilden zusammen eine Toolbox des Führungswissens, aus der Sie sich immer wieder bedienen können. Sie finden in diesem TaschenGuide beispielsweise Survival-Tipps für die ersten 100 Tage, Strategien für eine besseres Selbstmanagement, nützliche Regeln und Erfolgsfaktoren zum Umgang mit Krisen und Konflikten, Dos and Don'ts zur Mitarbeiterführung, Kreativitätsbooster und Entscheidungshilfen.

Tipps zur Führung gibt es wie Sand am Meer. Wir haben für Sie in diesem TaschenGuide ein Best-of daraus zusammengestellt. Bei der Auswahl haben wir uns von einer Prämisse leiten lassen, die auch für Führungskräfte maßgeblich ist: hoher Nutzen, wenig Aufwand.

Viel Erfolg wünschen Ihnen

Nicole Jähnichen und Ilonka Kunow

Die ersten 100 Tage

Die ersten 100 Tage in der neuen Führungsposition sind ein Drahtseilakt. Alle Augen sind auf Sie gerichtet. Alles ist neu: Ihr Team, die Kolleg:innen und Vorgesetzten und das Aufgabengebiet. Wer obendrein noch das Erbe eines beliebten und erfolgreichen Vorgängers antritt, kann schnell aus der Balance kommen.

Die Tipps in diesem Kapitel helfen Ihnen dabei, den Start in die neue Position erfolgreich zu meistern.

5 Erfolgskriterien für den gelungenen Einstieg

Aller Anfang ist schwer. Das gilt auch für den neuen Führungsjob. Leichter wird es mit den folgenden Tipps.

1. Erst analysieren und beobachten, dann handeln! Frischer Wind kann gewaltigen Gegenwind erzeugen. Geben Sie Ihrem Team nicht das Gefühl, dass vor Ihrem Start alles schlecht(er) war. Verlegen Sie sich in der Anfangsphase lieber aufs Fragen statt aufs Reden. Bieten Sie erst dann Ihr Know-how an.

2. Bleiben Sie authentisch. Wer eine Rolle spielt und sich verstellt, wirkt auf andere meist verkrampft und künstlich. Dagegen wird man es zu schätzen wissen, wenn Sie das, was Sie sagen, auch leben.

3. Zeigen Sie sich als Teamplayer und würdigen Sie den Beitrag jeder und jedes Einzelnen. Erfolg ist keine Solonummer, sondern basiert auf der Leistung aller Beteiligter. Ein Tabu: Ideen von anderen als eigene Einfälle vermarkten.

4. Reden Sie *mit* Ihren Mitarbeitern, niemals *über* sie. Nur so schaffen Sie eine Kultur des Vertrauens. Das inkludiert auch, dass Sie Teammitglieder, die über andere lästern, freundlich, aber deutlich stoppen.

5. Schaffen Sie sich ein belastbares Netzwerk – lassen Sie es »menscheln«. Klar, man hat Sie fürs Arbeiten eingestellt. Sich allein darauf zu konzentrieren, reicht jedoch nicht. Suchen Sie sich Verbündete und bilden Sie Allianzen. Nutzen Sie Seminare oder Unternehmensevents für das Networking.

Gehen Sie mit Kollegen und Mitarbeiterinnen essen. Feiern Sie erste Erfolge mit Ihrem Team auf einer After-Work-Party.

5 wichtige Punkte für das erste Gespräch mit Ihrem Vorgesetzten

Sie sind hochmotiviert und können es gar nicht erwarten mit Ihrer Arbeit zu starten. Auf die Plätze, fertig, …! Halt! Bevor Sie losrennen, sollten Sie gemeinsam mit Ihrem Chef den Parcours und das Ziel festlegen.

Im ersten Gespräch mit Ihrem Chef geht es um Ziele und Aufgaben. Und darum, dass Sie eine gute Figur machen.

Identifikation

Lassen Sie keinen Zweifel daran aufkommen: Die Unternehmensziele haben Sie verinnerlicht. Sie sind mit dem Zielüberbau – Vision, Mission, Unternehmenswerten –, mit der Strategie und den operativen Zielen vertraut und wissen somit, worauf Ihre Ziele gründen.

Erwartungen

Wie lassen sich Ihre Ziele auf Aufgaben herunterbrechen? Erfragen Sie möglichst konkret, was unklar ist: »Worum soll ich mich die nächsten zwei, vier, acht Wochen in erster Linie kümmern? Verstehen Sie unter einem guten Ergebnis X oder Y? Was wünschen Sie sich von mir im Hinblick auf …?«

Zusammenarbeit

Wie stark Ihr Chef in Ihre Arbeit involviert werden will, hängt von seiner Art zu führen und Ihrer Position ab. Rechnen Sie zu Beginn mit einem höheren Abstimmungsaufwand. Gibt Ihr Chef nicht vor, wie Sie Ihr Reporting an ihn gestalten sollen, ergreifen Sie die Initiative und unterbreiten Sie Vorschläge, worüber Sie wie oft und in welcher Form berichten.

Risiken

Misserfolge von Vorgängern wollen Sie nicht wiederholen und auch anderen Stolpersteinen aus dem Weg gehen. Beweisen Sie Fingerspitzengefühl. Fragen Sie Ihren Vorgesetzten, wie er die Risiken auf dem Weg zum Ziel einschätzt und welche Learnings man bereits aus der Vergangenheit gezogen hat.

Befugnisse

Was dürfen Sie entscheiden, was nicht? Jetzt ist die beste Gelegenheit, Zweifel auszuräumen. Denn die Grenzen Ihrer Macht sollten Sie genau kennen.

Vorhang auf! Ihr Debüt vor dem Team

Der erste Eindruck zählt. Ein Eindruck reicht Ihnen aber nicht, Sie wollen Begeisterung? Dann sollten Sie weiterlesen. Mit den folgenden Strategien wird Ihre Premiere ein voller Erfolg.

Strike the pose!

Nervös, unruhig, Herzflattern? Forscher wissen: Bereits 2 Minuten in einer selbstbewussten Körperhaltung reichen aus, um unsere Gedanken und Emotionen positiv zu beeinflussen. Versuchen Sie deshalb kurz vor Ihrer Rede eine High-Power-Pose. Machen Sie es wie Wonder Woman oder Superman: Stehen Sie ganz gerade, die Brust nach vorne, das Kinn angehoben, die Beine fest in den Boden und die Arme in die Hüften gestemmt. Lächeln Sie. Das verleiht Ihnen zwar keine geheimen Kräfte, versetzt Sie aber in Sieger-Stimmung.

Start with Why!

Sie haben Großes vor mit Ihrem Team? Sie läuten den dringend notwendigen Change ein? Starten Sie in Ihrer Antrittsrede nicht mit den To-dos, sondern mit dem Warum. Nur wenn Ihre Mitarbeiter dieses Why, den tieferen Sinn, kennen und verstehen, sind sie bereit für das How. Schon Steve Jobs wusste: Allein das Warum ist der Motor, der Menschen antreibt.

Tell your story!

Fremde wecken Misstrauen und Skepsis. Erst recht gilt das, wenn Sie als Führungskraft einsteigen: Krempelt die jetzt alles um? Kann der das denn?

Vertrauen braucht Zeit. Einen Anker dafür setzen können Sie bereits zu Beginn. Zeigen Sie sich nahbar und authentisch mit Ihrer ganz persönlichen Story:

- Welches Erlebnis hat Sie nachhaltig geprägt?
- Was hat Ihr Wertesystem beeinflusst?
- Welche Wendepunkte gab es in Ihrem Leben?

Auch Missgeschicke mit Happy End machen sympathisch.

Das Erbe eines erfolgreichen Vorgängers: Verwalten oder gestalten?

Ein motiviertes Team, exzellente Zahlen, erfolgreiche Projekte – eine komfortable Ausgangssituation kann Sie als neue Führungskraft auch vor Herausforderungen stellen.

Denn man erwartet von Ihnen, dass Sie die Erfolgsserie Ihres Vorgängers fortsetzen. Weil sein Modell funktioniert hat, wird Ihr Umfeld den Sinn von Veränderungen bezweifeln. Was Sie in ein Dilemma bringt. Als Führungskraft möchten Sie ja schließlich eigene Akzente setzen.

Never change a running system

Ob Aufgabenverteilung, Prozesse, Teamrituale oder das Bonussystem – es wäre ein fataler Fehler, bewährte organisatorische oder soziale Strukturen umzukrempeln. Denn damit setzen Sie auch wertschöpfende Hebel außer Kraft. Stecken Sie Ihre Energie lieber in die Beziehungsarbeit – darin liegt der Schlüssel für Ihre Zukunft. Fragen Sie sich:

- Wie bekommen Sie Ihr Team ins Boot, auch wenn Ihr Stil ein anderer ist?
- Wie überzeugen Sie Ihre Vorgesetzten von Ihrem Erfolgswillen?

Gewinnen Sie die Loyalität aller Seiten, können Sie – behutsam und nach und nach – Dinge verändern. Denn Stillstand wünscht sich niemand.

Was Ihnen in einer gut laufenden, eingeschworenen Gruppe passieren kann: Dass Sie sich anfangs wie ein Störfaktor fühlen. Ihr Führungs-Kit ist jetzt entscheidend: Mit welchen Maßnahmen können Sie Vertrauen aufbauen? Sorgen Sie für eine offene Gesprächskultur, übertragen Sie Ihren Mitarbeitern mehr Eigenverantwortung. Und drehen Sie nicht im einsamen Kämmerchen an Stellschrauben, sondern suchen Sie gemeinsam mit Ihrem Team nach Wegen, noch besser zu werden.

Altlasten im neuen Job? 3 Tipps für Ihren Erfolg

Wenn Sie glücklose Vorgänger beerben oder frischen Wind in einen Bereich bringen sollen, haben Sie einen Vorteil: Die Gestaltung wird meist Ihnen überlassen. Doch die Rolle birgt auch Risiken. Mit den folgenden Tipps minimieren Sie diese.

Nicht der Vorgänger, sondern die aktuelle Situation interessiert

Vermitteln Sie dem Team Ihre neutrale Haltung zum Vorgänger. Egal was passiert ist: Reden Sie nicht schlecht über ihn. So bringen Sie Ihre Mitarbeiter nicht in Loyalitätskonflikte. Sammeln Sie Informationen, um die Ausgangslage möglichst objektiv analysieren zu können. Kommunizieren Sie den neuen Kurs klar und eindeutig, ebenso Ihre Vorstellungen und die To-dos für das Team.

Richten Sie das Team neu aus

Womöglich erwarten viele nun rasche Ergebnisse von Ihnen. Doch für einen konfliktfreien Zukunfts-Shift muss zunächst das ganze Team ins Boot. Etliche Einzelgespräche und Teammeetings können dafür nötig sein. Kümmern Sie sich um Bedürfnisse, die vernachlässigt und um Konflikte, die nicht gelöst wurden. Berichte und Learnings aus der Vergangenheit, helfen dabei, die Mitarbeiter und den Teamgeist besser zu verstehen, können aber auch eine einseitige Wahrnehmung spiegeln. Wichtiger als der Blick in die Vergangenheit sind neue Optionen, wie die Arbeit zukünftig gestaltet wird.

Versichern Sie sich der Unterstützung Ihrer Vorgesetzten und Ihrer Kollegen

Informieren Sie Ihre Führungskraft über Strategie und Maßnahmen, binden Sie sie direkt ein, wo nötig. Das entlastet Sie von der alleinigen Verantwortung und nimmt Druck von Ihnen.

Holen Sie ebenso die Kollegen mit ins Boot, insbesondere wenn es um eine Neuausrichtung Ihres Bereichs geht, die auch andere Abteilungen oder Teams tangiert.

Vom Außenseiter zum Insider werden

Wer die richtigen Menschen kennt, kommt an die entscheidenden Informationen. Darauf sollten Sie schon von Beginn an hinarbeiten.

BEISPIEL:

Anja liest den Projektbericht: Nichts lässt auf Probleme im Team schließen. Doch das Ergebnis spricht Bände. Gut, dass sie die technische Projektleiterin kennengelernt hat – sie weiß alles über die Hintergründe.

Während Ihrer Einarbeitung werden Fragen auftauchen, deren Antwort Sie nicht in den Akten, nicht in den Berichten oder Protokollen und auch nicht im Intranet finden. Zum Beispiel, wie Ihr Team im Unternehmen gesehen wird, wo die innovativsten Köpfe sitzen oder wer sich intern auf Ihre Stelle beworben hat.

Wollen Sie gut ins Unternehmen hineinwachsen, brauchen Sie Wissen von Insidern: einem Mentor, Ihren Vorgesetzten, erfahrenen Mitarbeitern, aber auch Kollegen aus der Führungsmannschaft.

Zusammenarbeit vertiefen, Wissen aufbauen

Vereinbaren Sie mit Ihren Stakeholdern Termine, um sich näher vorzustellen und die Zusammenarbeit sowie den Informationsaustausch zu besprechen: Verantwortliche der Fach- und Organisationsabteilungen, interne und externe Kunden und Zulieferer. Strecken Sie Ihre Fühler weiter aus: Wo sitzen exzellente Spezialisten? Welche Arbeitskreise sind für Sie interessant? Gibt es einen regelmäßigen After-Work-Event für alle Teamleiter? Schließen Sie sich an, auch wenn Ihre Zeit noch so knapp ist. Es lohnt sich in jedem Fall, weil Sie hier auch die Unternehmenskultur erleben. Durchdringen Sie das System Ihres Bereichs, die Abhängigkeiten und Beziehungen im Unternehmen. Das gelingt besonders gut mit aufmerksamem Zuhören und Beobachten. Und bemühen Sie sich überall um gute Kontakte, eine offene Kommunikation und einen verlässlichen Informationsfluss.

Ihre Networking-Strategie

Führung ist ein Drahtseilakt. Die richtigen Kontakte bilden das Netz, das Sie auffängt. Doch wie spannen Sie es so, dass es auch wirklich hält?

300 Kontakte bei LinkedIn, 400 Telefonnummern im Smartphone, 500 Facebook-Freunde? Das mag bisher gereicht haben. Als gerade an Bord gekommene Führungskraft brauchen Sie mehr: eine Networking-Strategie. Denn Karrierefaktor Nr. 1 ist nicht etwa Leistung. Der wichtigste Erfolgshebel ist ein gutes Netzwerk, wie Studien zeigen. »Management is a contact sport«, heißt es daher auch in den USA.

To do: Kontakte knüpfen mit Plan und Weitsicht

1. Als Neueinsteiger stehen Sie im Fokus Ihrer Mitarbeiter und Kolleginnen. Diese registrieren, zu wem es Sie hinzieht und zu wem nicht. Wer nur nach oben netzwerkt, gilt schnell als abgehoben. Besser fahren Sie mit einer 360-Grad-Perspektive: Lohnende Kontakte gibt es auf allen Hierarchieebenen.

2. Auf dem Weg an die Spitze kann es schon mal einsam werden. Ihrer Führungskollegin nebenan geht es bestimmt genauso. Knüpfen Sie ein Leadership-Netzwerk, das geprägt ist von ehrlichem Feedback, Unterstützung und einem Austausch auf Augenhöhe. Solche Critical Leader Relationships kosten natürlich Zeit und Energie. Sie zahlen sich aber doppelt und dreifach aus, denn vor allem auf schwierigem Terrain brauchen Sie verlässliche Wegbegleiter.

3. Genauso wertvoll sind Mentoren, die Ihnen als wohlwollender Ratgeber und Advocatus Diaboli zur Seite stehen. Auch hier lohnt ein Rundum-Blick: Für diese Rolle eignet sich nicht nur der CEO, sondern auch die Sachbearbeiterin, die seit 20 Jahren in der Firma und extrem gut vernetzt ist.

4. Feilen Sie an Ihrem Selbstmarketing, um die richtigen Leute auf sich aufmerksam zu machen. Legen Sie sich einen »60 Sekunden Elevator Pitch« zu, mit dem Sie sich sympathisch und authentisch präsentieren.

Networking für Introvertierte

Sie sind eher ein Mensch der leisen Töne und Networking war bisher nicht so Ihr Ding? Die Lösung: Erweitern Sie Ihr Netzwerk, ohne Ihr Innerstes nach außen zu kehren.

Alles eine Frage der Einstellung!

Tragfähige Beziehungen zwischen Menschen funktionieren wie Konten: Will man abheben, muss man einzahlen. Die Währung dafür ist nicht Geld, sondern Zeit, Wertschätzung und Unterstützung. Ins Plus bei Mitarbeiterinnen und Kollegen kommen Sie eher durch Taten als durch warme Worte: Bieten Sie anderen Ihre Hilfe an, springen Sie für den kranken Kollegen ein, übernehmen Sie die Rolle des Mentors für den Werkstudenten. Seien Sie spendabel und gehen Sie in Vorleistung ohne die Erwartung, dafür etwas zurückzubekommen. Früher oder später zahlt sich das aus. Netzwerken ist für Sie gleichbedeutend mit pausenlosem Reden? Genau das Gegenteil trifft zu. Monologe sind eher hinderlich. Networking bedeutet, sich für andere zu interessieren und ihnen Wertschätzung entgegenzubringen. Das setzt vor allem eines voraus: gutes Zuhören.

Small Talk finden Sie unnötig und zeitraubend? Ein Irrtum. Das seichte Plaudern schafft einen persönlichen Bezug, der Ihnen im Zweifel mehr Sympathie einbringt als das beste Fachgespräch. Sie möchten nichts Privates von sich preisgeben? Verlegen Sie sich aufs interessierte Fragen und lauschen Sie den Antworten.

Selbstmanagement

Viele denken beim Thema Selbstmanagement nur an die Steigerung der eigenen Effektivität und Effizienz. Doch es ist weit mehr als das: ein guter Umgang mit sich selbst. Dazu gehört es, sich auch Regenerationsphasen zu gönnen, energieraubende Gewohnheiten abzustellen und an der eigenen Widerstandsfähigkeit zu arbeiten.

Tipps und Strategien für ein erfolgreiches Selbstmanagement haben wir in diesem Kapitel zusammengefasst.

3 wichtige Stressblocker

In Ihrem Job als Führungskraft sind Sie voll gefordert. Was tun, damit Ihr Akku im grünen Bereich bleibt?

Fokus setzen

Erkennen, was wichtig ist. Sich darauf konzentrieren. Nachhalten: Einen Fokus zu setzen und ihn nicht aus dem Auge zu verlieren, ist das A und O Ihres Selbstmanagements und Ihrer Zeitplanung. Diese Maxime findet zum Beispiel in der Fokuszeit Anwendung. Das ist die Stunde, in der Sie keine Störung zulassen, um sich mit voller Konzentration auf Ihre A-Aufgaben zu konzentrieren, also diejenigen To-dos, die wichtig und dringend sind.

Grenzen ziehen

In der Wirtschaft regiert das Kosten-Nutzen-Prinzip. Lassen Sie es auch Einzug in Ihr Selbstmanagement halten. Wägen Sie nüchtern ab: Was kostet Sie viel Energie und Zeit, zahlt aber zu wenig auf Ihre Ziele ein?

BEISPIELE:

Muss die Präsentation wirklich bis ins letzte Detail perfekt sein?

Merkt der Kunde es überhaupt, wenn wir dieses Feature in dieser Phase erst einmal noch weglassen?

Wie Sie das Kosten-Nutzen-Prinzip umsetzen, erfahren Sie im Hack »Die große Kunst des Weglassens«.

Bei der Abgrenzung geht es nicht allein um die vielen Anforderungen von außen. Es gilt auch, Ihre inneren Antreiber in Schach zu halten, um ihnen nicht das Regiment zu überlassen. »Sei die oder der Beste! Mach es perfekt!« Solche Antreibersätze, die wir meist bereits in unserer Kindheit verinnerlicht haben, können in Überlastung und Stress münden. Wie ist das bei Ihnen: Ziehen Sie eine klare Trennlinie zwischen Beruf und Privatleben? Oder sind Sie ständig erreichbar, auch am Wochenende, nach Feierabend und im Urlaub?

Regenerieren

Zwei Erkenntnisse sind wichtig: Ihre tatsächliche körperliche Verfassung kann schlechter sein, als Ihr Gefühl Ihnen weismacht. Und Erholung lässt sich nicht nachholen. Nur wer rechtzeitig und in ausreichendem Maße regeneriert, kann sein Leistungspotenzial optimal abrufen und fördert nebenbei seine Stressresistenz. So sind sich Arbeitswissenschaftler einig, dass nach 70 bis 90 Minuten Kopfarbeit eine Auszeit fällig ist.

Freie Zeit ist übrigens nicht gleichbedeutend mit Regeneration. Auch die Art und Weise, wie Sie Ihre Erholungsphasen gestalten, wirkt sich auf den Grad der Regeneration aus. Tun Sie nicht das, was gerade hip ist, sondern das, was Ihnen tatsächlich guttut: ob Zumba, Waldspaziergang, Joggen, Malen, Meditieren, Kochen oder Yoga – jeder entspannt auf ganz individuelle Weise.

Das stärkt Ihre Resilienz

Welche Ressourcen helfen Ihnen, Stress- und Krisensituationen besser durchzustehen? Auch wenn die Fachwelt Resilienzfaktoren unterschiedlich sieht, einig ist man sich: Widerstandsfähigkeit beruht auf persönlichen Fähigkeiten und Grundhaltungen, die Menschen in die Lage versetzen, negative Erlebnisse zu überwinden – oder sogar gestärkt daraus hervorzugehen.

Optimismus und Realitätssinn

Wer mit Zuversicht durchs Leben geht, sucht eher nach Lösungen oder gewinnt auch Niederlagen positive Seiten ab. Gleichzeitig hilft ein gewisser Realitätssinn. Sie müssen Probleme als solche akzeptieren, ebenso wie die Tatsache, dass Sie nicht immer alles beeinflussen können.

Selbstreflexion

Doch wie können Sie solche Haltungen stärken? Der Schlüssel liegt in der Aufarbeitung von Krisen. Was hat Ihnen in schwierigen Phasen geholfen? Entscheiden Sie sich bewusst für eine Verhaltensänderung, wenn Sie Defizite erkennen.

Selbstwirksamkeit und Selbstverantwortung

Das Vertrauen darauf, dass Sie selbst Dinge erreichen oder verändern können, ist eine wichtige Ressource. Sie lässt sich in einer kritischen Lage anzapfen, wenn Sie sich Ihre Erfolge und Stärken vor Augen führen.

Selbstverantwortung, Lösungs-, Ziel- und Netzwerkorientierung – Resilienz ruht auf vielen Säulen. Die Beschäftigung mit dem Thema lohnt umso mehr, da Sie die Erkenntnisse auch auf das Führen Ihres Teams oder Ihrer Organisationen übertragen können.

Auch Performer brauchen Pausen

Sie können ohne Weiteres von 8 bis 18 Uhr durcharbeiten? Pausen sind wichtiger, als Sie denken. Arbeitswissenschaftler sind sich einig: Ohne Erholung lässt unsere Leistungsfähigkeit nach. Bei Kopfarbeit fällt die Konzentrationsfähigkeit allmählich ab, nach einer Stunde um etwa 25 Prozent. Nach 70 bis 90 Minuten gehen Körper und Geist in den Entspannungsmodus. Unser Biorhythmus verlangt nach einer Auszeit – wir brauchen eine Phase der Erholung, um unsere Batterien wieder aufzuladen.

Sie werden nicht so schnell müde? Ihr subjektives Müdigkeitsempfinden kann Sie trügen. Zudem sollten Sie wissen, dass sich Erholung nicht aufschieben lässt. Je länger Sie arbeiten, umso schwerer wird es, sich zu regenerieren. Wenn die Augen brennen, der Rücken schmerzt, der Nacken sich verspannt, sind das Warnsignale und die Pause ist überfällig. Das gleiche gilt, wenn Sie merken, Sie werden langsamer, begehen Flüchtigkeitsfehler oder verspüren das Bedürfnis nach Ablenkung. Müdigkeit ist nämlich auch ein Motivationskiller.

Im erholten Zustand hingegen arbeiten wir nachweislich konzentrierter, sind kreativer und die besseren Problemlöser. Auch funktioniert unser prospektives Gedächtnis verlässlicher; wir vergessen also nicht, was noch ansteht. Zudem verarbeiten wir Informationen schneller und lernen effektiver. Pausen helfen Ihnen also, Ihr Leistungspotenzial optimal abzurufen. Und mehr als das: Wer sich regelmäßig erholt, ist auch stressresistenter.

Pause! Tipps zur Regeneration

Sie spielen in der Mittagspause auf dem Handy? Es gibt bessere Möglichkeiten, sich wieder mit Energie zu versorgen. Für die optimale Pause gibt es kein Patentrezept. Von der Tätigkeit und Situation hängt es ab, was Sie gerade benötigen, um sich zu regenerieren.

Zwischendurch essen gehört auf jeden Fall dazu, denn auch Ihr Gehirn braucht Nahrung!

Man geht davon aus, dass mehrere kleine Pausen im Arbeitsalltag wirkungsvoller sind als eine große. An eng getakteten Tagen können Sie öfter sogenannte Mikropausen einlegen. Holen Sie sich zwischendurch ein Getränk, nehmen Sie sich fünf Minuten Zeit für Yoga oder eine Kurzmeditation, gehen Sie an die frische Luft.

Pausen sind erholsam, wenn sie ein Kontrastprogramm zu Ihrer Tätigkeit bieten. Arbeiten Sie viel am Bildschirm, brauchen Ihre Augen Entspannung. Gehen Sie spazieren und gucken Sie ins

Grüne. Für Vielsitzer ist Bewegung ohnehin das Beste. Gibt es in Ihrer Firma einen Fitnessraum oder Kicker? Dann nutzen Sie dieses Angebot! Bewegung, Spaß und sozialer Kontakt – diese Kombination ist ideal, um Stress hinter sich zu lassen.

Generell bieten aktive Pausen einen höheren Erholungswert als passive. Versuchen Sie abends öfter, auf die Spielekonsole oder Ihre Lieblingsserie zu verzichten, und raffen Sie sich zu einer Aktivität auf, die Ihnen Spaß macht. Ob Sie sich mit Freunden treffen oder eine Stunde Rad fahren, je schneller Ihr Kopf frei wird, umso schneller kommt die Erholung. Wenn Sie dann noch auf ausreichend Schlaf achten, haben Sie richtig aufgetankt.

Die große Kunst des Weglassens

Der Berg an Arbeit wächst immer weiter an, eine Deadline jagt die nächste. Bisher haben Sie in solchen Situationen länger und intensiver gearbeitet? Stopp, es gibt Besseres!

Die Businesswelt dreht sich immer schneller. Entscheidungsoptionen wie auch Unwägbarkeiten nehmen zu und die Informationsflut steigt stetig. Klar im Vorteil sind hier diejenigen, die gut filtern können. Mit den folgenden Strategien ist das gar nicht so schwer:

- Handeln Sie nach dem **Pareto-Prinzip**, das besagt: 20 % der Aufgaben bewirken 80 % unseres Arbeitserfolgs. Der Umkehrschluss daraus: Es gibt eine Menge Aufgaben, die – genauer betrachtet – überflüssig sind. Konzentrieren Sie sich auf diejenigen To-dos, die den höchsten Nutzen und Wert für Sie, Ihr Team und das Unternehmen haben, also die Jobs, die wirklich wichtig und dringend sind. Das heißt übrigens auch: Gut ist gut genug, perfekt muss es nicht sein.

- Müssen Sie immer alles sofort wissen? Sicher nicht! Schaffen Sie sich eine **Info-Detox-Routine**. Sie ent-stresst und spart eine Menge Zeit. Lassen Sie sich aus CC-Verteilern nehmen, entschlacken Sie Ihr News-Board. Schotten Sie sich pro Tag für mindestens eine Stunde komplett von der Außenwelt ab. Schalten Sie während dieser Zeit Ihr Handy aus, machen Sie die Türe zu oder setzen Sie Kopfhörer auf. Studien belegen: Wer so arbeitet, ist konzentrierter, leistungsfähiger und auch zufriedener am Ende des Tages.

Priorisieren: Bewährte Techniken

Priorisieren ist die Kunst, das Richtige zu tun. Weil Sie sich klar machen, welche Themen oder Aufgaben wirklich wichtig sind. Die Kriterien dafür müssen Sie natürlich kennen. In agilen Projekten etwa werden die Funktionen vorrangig umgesetzt, die am meisten zur Zufriedenheit der Anwender beitragen. Die Informationsflut können Sie durch Unterteilung in »relevant« und »irrelevant« filtern und bewältigen.

- Mit dem Priorisieren können Sie vor allem entscheiden, auf welche der zahlreichen Aufgaben Sie sich konzentrieren und welche Sie mit dosiertem Einsatz angehen. Die **1-2-3-Technik** hilft Ihnen dabei. Prüfen Sie: Was ist besonders wichtig für Ihre Karriere bzw. das Unternehmen? Prio-1-Aufgaben müssen Sie frühzeitig einplanen, in hoher Qualität umsetzen und das Ergebnis termingerecht liefern. Prio-2-Aufgaben sind Alltagsgeschäft – weniger wichtig und doch nicht zu vernachlässigen. Unwichtige Prio-3-Aufgaben wie Dokumentation arbeiten Sie en bloc ab. Zum Beispiel dann, wenn Ihnen die Power für Anspruchsvolles fehlt. Beachten Sie, dass sich das Raster durch neue Aufgaben ständig verschiebt.

- Das ist auch so bei der **Eisenhower-Technik**, bei der Sie Prioritäten nach den Kriterien »wichtig« und »dringend« bestimmen. Was heute wichtig, aber noch nicht dringend ist (B-Aufgabe), wird morgen schon zur A-Aufgabe.
- Sie können auch **intuitiv Prioritäten setzen.** Zum Beispiel morgens rasch entscheiden, welche drei Aufgaben Sie heute unbedingt erledigen müssen.

Das A & O der Selbstorganisation: Filtern, Planen, Selbstkontrolle

Wenn Sie noch kein großes Organisationstalent sind, dann sollten Sie die Fähigkeiten trainieren, die Ihnen helfen, eines zu werden.

- Zum Beispiel die **Fähigkeit zu filtern**. Gewöhnen Sie sich an, jede Aufgabe daraufhin zu prüfen, wie wichtig und/oder dringend sie ist. Gleiches gilt für Informationen. Nicht alles, was Sie morgens in Ihrem Posteingang finden, ist relevant, manches sogar völlig irrelevant.
- **Realistische Ziele setzen** – auch das sollten Sie beherrschen. Ambitionierte Zeitpläne motivieren, sind jedoch Makulatur, wenn

Sie Aufwände regelmäßig unterschätzen. Beurteilen Sie auch Ihre Arbeitsweise ehrlich. Sind Sie zum Beispiel sehr perfektionistisch? Wenn Sie nicht daran glauben, dass Sie bei 90 Prozent Schluss machen können, dann planen Sie den 100-Prozent-Aufwand ein. Schreiben Sie auf, wieviel Zeit Sie jeweils in Ihre Aufgaben investieren, so erhalten Sie mehr Kontrolle.

- Schließlich sollten Sie lernen, bei jeder Selbstorganisationsmaßnahme **Aufwand und Nutzen abzuwägen**. Wenn Sie für die Zeiterfassung einer Aufgabe länger brauchen als für deren Bearbeitung, läuft etwas falsch.

3 Tricks, um im Alltag effizienter zu werden

Wir stehen meistens unter Zeitdruck. Die folgenden Techniken helfen Ihnen, einen kühlen Kopf zu bewahren:

- Ein Geheimnis von Effizienz ist die **frühzeitige Planung** mit Zielen und systematischer Aufwandsschätzung. Halten Sie zum Beispiel jeden Abend schriftlich fest, was am nächsten Tag ansteht, etwa in einer **To-do-Liste**. Überlegen Sie, wie Sie Ihre Zeit *und* Energie sinnvoll einteilen. Was lässt sich zügig und ohne Perfektionsanspruch erledigen, was erfordert mehr Zeit und Konzentration? Setzen Sie auch für mittelfristige Aufgaben Tagesziele, zum Beispiel: »17 bis 18 Uhr Projektvorbereitung abgeschlossen«.

- Wenn ständig Neues hereinkommt, wenden Sie die **Drei-Minuten-Regel** an. Sie besagt: Können Sie eine Aufgabe inklusive Informationsbeschaffung innerhalb von drei bis fünf Minuten abschließen, wird sie sofort erledigt. Was mehr Zeit in Anspruch nimmt, tragen Sie in Ihre Aufgabenliste ein. Wenden Sie die Regel konsequent an, auch auf Tätigkeiten, die Sie nicht besonders lieben. So arbeiten Sie Kleinkram wie Anrufe, kurze Anfragen und Ähnliches zügig ab und haben den Kopf schnell wieder frei.

- Die letzte Technik ist sehr einfach: **Greifen Sie öfter zum Telefon.** Überlegen Sie immer, ob sich Ihr Anliegen nicht in einem persönlichen Gespräch viel rascher klären lässt als durch E-Mail-Ping-Pong. Damit Sie nichts vergessen, machen Sie sich während des Gesprächs Notizen.

Mehr Zeit mit 3 simplen Tricks

Klar, Sie sind prima organisiert. Sonst wären Sie heute nicht da, wo Sie sind. Doch es geht noch besser, wetten?

Kill the stupid rule!

Wir Menschen lieben unsere Gewohnheiten. Doch das, was früher gut und richtig war, passt vielleicht im neuen Job nicht mehr. Nehmen Sie Ihre Workflows unter die Lupe: Gibt es Routinen, die solchen überholten Regeln folgen? Dann heißt es: Weg damit! Kill the stupid rule! Die Methode, die von Simplification-Expertin Lisa Bodell stammt, spart Zeit.

Stand up!

Ausufernde Meetings sind gierige Zeitfress-Monster. Sie machen das beste Zeitmanagement zunichte. Abhilfe schaffen Stand-up-Meetings, Besprechungen im Stehen. Wer steht, fasst sich automatisch kurz. Doch Stehen alleine reicht nicht. Auch eine straffe Agenda muss her: Jeder und jede der Anwesenden bekommt nur ein paar Minuten Redezeit, in der sie folgende Fragen beantworten:

- Wie bin ich gestern mit meiner Arbeit vorangekommen?
- Welche Arbeitspakete liegen für heute an?
- Welche Hindernisse gibt es?

Orientieren Sie sich obendrein an der Richtschnur des Amazon-Gründers Jeff Bezos: Werden die Eingeladenen von zwei Pizzen satt? Falls ja, super! Falls nein, sind es zu viele.

Box your time!

»Arbeit dehnt sich in genau dem Maß aus, wie Zeit für ihre Erledigung zur Verfügung steht«, stellte der Historiker Parkinson 1955 fest. Gegen dieses Prinzip angehen können Sie mit der Timebox-Technik: Jede Aufgabe wird in einen festen Zeitrahmen gesteckt. Lassen sich Teilaufgaben innerhalb dieser Timebox nicht realisieren, fallen sie weg oder werden in eine neue Box verschoben. Bereits vorher steht fest: Es wird keine Verlängerung geben.

Konzentration! Tipps für störungsfreies Arbeiten

Sie sitzen an einer anspruchsvollen Arbeit und werden ständig unterbrochen. Mails kommen an, Kollegen schauen »nur mal kurz« herein, Anrufe reißen Sie aus Ihrer Konzentration. Solche Unterbrechungen kosten Sie viel Zeit, weil Sie sich danach wieder neu einarbeiten müssen.

Gegen Störungen von außen können Sie sich guten Gewissens abschotten – solange es nur für eine gewisse Zeit ist und Sie einen plausiblen Grund anführen können. Suchen Sie sich ein Zeitfenster, in dem Sie nicht gestört werden wollen. Geeignet sind die Randzeiten am frühen Morgen, kurz nach Mittag oder gegen Abend. Blocken Sie Ihre »stille Zeit« als Termin im Kalender, wenn möglich auch sichtbar für die anderen. Ansonsten erklären Sie den Kollegen, dass und warum Sie um diese Zeit nicht erreichbar sind.

Sich selbst sollten Sie auch keine Ablenkungen erlauben. Räumen Sie alles Störende auf Ihrem Schreibtisch weg, schalten Sie Ihr Handy aus und akustische Signale Ihres Computers ab. Schließen Sie nicht benötigte Programme und rufen Sie niemanden in der Zeit an – außer es dient der Sache.

Heilmittel gegen Aufschieberitis

Es sind vor allem unangenehme Aufgaben, die wir gerne vor uns herschieben. Doch Aufschieben ist ein risikobehaftetes Arbeitsmuster. Vom inneren Druck abgesehen, häuft sich durch ständiges Schieben ein Berg von Unerledigtem an, der hohen Stress verursacht. Wenn Sie eine Aufgabe erst kurz vor der Deadline in Angriff nehmen, muss zudem nur eine Kleinigkeit dazwischenkommen, und sie brennt an. Was immer leidet, ist die Qualität.

Um das Muster zu durchbrechen, ist eine kurze Selbstanalyse nützlich.

- Drücken Sie sich vor bestimmten Aufgaben, weil Sie sich überfordert fühlen? Dann brauchen Sie Unterstützung. Bitten Sie Kollegen um Tipps, nutzen Sie Tools wie Prozessbeschreibungen.
- Macht Ihnen der Umfang der Aufgabe Angst? Dann unterteilen Sie sie in kleine Pakete und setzen Sie einen Schritt nach dem anderen um. Wenn Sie ein Ziel erreicht haben, belohnen Sie sich.
- Ist Ihnen eine Aufgabe lästig? Anstatt Ihren inneren Widerstand anzustacheln, indem Sie über die Nachteile sinnieren, starten Sie sofort. Motivieren Sie sich mit einem Ziel, zum Beispiel: In 20 Minuten ist die Aufgabe abgehakt. Womöglich hilft Ihnen auch der Gedanke, dass es den Kollegen nicht anders geht – Arbeit macht nicht immer Spaß.
- Sicher müssen Sie auch Routinen erledigen, die Sie als unangenehm empfinden. Ein kleiner Trick, um die Aufgaben nicht vor sich herzuschieben: Schreiben Sie alle Routinetätigkeiten auf kleine Kärtchen und stecken Sie diese in einen Briefumschlag. Ziehen Sie blind ein Kärtchen heraus und erledigen Sie die Aufgabe ohne Wenn und Aber.
- Ist Ihr Arbeitsplatz mobil? Dann kann auch ein Ortswechsel Wunder wirken.

- Erledigen Sie eine Woche lang morgens immer zuerst die ungeliebten Tätigkeiten. Denn was einmal zur Routine wurde, fällt leichter.

So werden Sie schlechte Gewohnheiten los

Neuer Job – altes Fahrwasser? Schlechte Gewohnheiten holen uns nur allzu gerne wieder ein. Doch wie durchbrechen Sie Routinen, die Ihnen schaden?

BEISPIEL:

Zielvereinbarungsgespräch, letzter Punkt. Marc erklärt, wie er sich das Projekt für sein Q-Ziel vorstellt, geht ins Detail. Seine Vorgesetzte Jasmin schaltet ab und denkt an das nächste Gespräch, das schwierig wird. »Okay, mach einfach«, sagt sie zum Schluss. Als Marc das Zimmer verlassen hat, wird ihr klar: Das Projekt bringt dem Team nichts, sie hätte es diskutieren müssen. Ihr gedankliches Abschweifen war zudem unfair gegenüber Marc. Ein altes Muster, das sie immer wieder einholt.

Das Problem ist: Haben wir ein ungünstiges Verhaltensmuster einmal verinnerlicht, werden wir es nur schwer wieder los. Denn auch schlechte Routinen geben uns Sicherheit oder belohnen uns auf eine Weise, die uns nicht bewusst ist. Verhaltensänderungen müssen wir uns deswegen auch über mehrere Wochen hinweg antrainieren.

Wenn Sie ein nachteiliges Muster haben, reflektieren Sie:

1. Wann tritt es auf?
2. Was könnte der Grund dafür sein?

3. Machen Sie sich bewusst, welche Problem Sie sich durch das Verhalten einhandeln und welche Vorteile sich ergeben, wenn Sie es abstellen.
4. Leiten Sie ein konkretes Ziel ab. Psychologisch ungünstig ist ein negatives Ziel (»Ich will X *nicht* mehr tun.«). Formulieren Sie daher besser: »Ich werde in Zukunft Y tun.«
5. Überlegen Sie, wie Sie die neue Routine stützen.

Dazulernen durch Feedback

Wer sich für Feedback öffnet, kann blinde Flecken bei sich selbst erkennen. Das ist nicht für Berufsanfänger hilfreich, sondern ein wichtiger Aspekt der Weiterentwicklung.

Treffen mit einem Kunden. Es geht um die Finalisierung eines großen Auftrags. Lukas hat den ersten Teil der Verhandlung moderiert, Valeria den zweiten. Eine Kollegin bietet Lukas und später auch Valeria ein Feedback an. Lukas fühlt, wie sein Herz schneller schlägt: Hat er etwas falsch gemacht? Will die Kollegin ihn zerlegen? Valeria reagiert konsterniert: Es lief doch alles super. Schätzen Sie sich glücklich, wenn Ihnen so ein Angebot gemacht wird. Die Perspektive von außen hilft Ihnen, Ihr Verhalten oder Ihre Leistungen realistischer einzuschätzen. Andere nehmen wahr, was Sie nicht sehen, bemerken, vielleicht auch verdrängen. Bleiben Sie also souverän – womöglich wartet ein ausgewogenes Urteil auf Sie.

Hören Sie dem Feedbackgeber ruhig und konzentriert zu. Gehen Sie nicht in den Verteidigungsmodus, wenn neuralgische Punkte zur Sprache kommen. Ob Sie anschließend Ihre Sicht darlegen oder das Feedback so stehen lassen, können Sie je nach Situation entscheiden. Bedanken Sie sich für jede Rückmeldung, auch wenn sie kritisch ausfiel. Reflektieren Sie das Feedback in Ruhe und überlegen Sie, wie Sie damit umgehen.

Richtig umgehen mit Kritik

Richten Sie Ihre Aufmerksamkeit auf die Inhalte und nicht auf die Verpackung, vor allem wenn Sie es mit negativem Feedback zu tun haben. Auch wenn Kritik angriffslustig oder emotional vorgetragen wird, kann sie einen wahren Kern enthalten.

Manchmal hört man auch Kritik heraus, wo sie nicht intendiert war. Wenn Sie eine Bemerkung völlig unerwartet trifft, klären Sie die Situation. War das, was Sie als Kritik empfunden haben, so gemeint? Was noch wohlwollender Ratschlag und was schon kritische Spitze ist, das interpretiert jeder anders.

Schwierige Zeiten? Perspektivwechsel mit Reframing

Die Auftragslage ist mies, der Kunde nervt, das Projekt läuft nicht gut – in schwierigen Zeiten ist man oft versucht, einfach nur noch schwarz zu sehen. Allerdings ist eine solche Haltung nicht zielführend und schon gar nicht hilfreich. Besser ist es, eine konstruktivere Sichtweise zu entwickeln und den eigenen unbewussten Wahrnehmungsfilter zu justieren. Sich nicht nur auf die negativen Aspekte zu fokussieren, sondern auch das Positive daran zu entdecken, gelingt mit dem sogenannten Reframing. Mit dieser Technik setzen Sie die Dinge in einen anderen Kontext, einen anderen Rahmen. Sie ist relativ leicht anzuwenden und funktioniert auch im Team.

Fragen Sie sich dazu Folgendes:

- Ist das wirklich ein Problem oder könnte man es auch anders sehen?
- Wozu könnte dieses Problem gut sein?
- Wie beurteile ich die Situation in einem Jahr oder gar in fünf Jahren?

> Reframing bedeutet nicht, sich eine Situation schönzureden. Ziel ist es, alternative Sichtweisen zu entwickeln.

Kommunikation

Führung ist untrennbar mit Kommunikation verbunden. Gute Führungskräfte nutzen die richtigen Worte, die richtige Körpersprache und den richtigen Tonfall, um Kollegen, Mitarbeiter und Vorgesetzte zu begeistern und zu überzeugen. Patentrezepte gibt es dafür natürlich nicht. Eine Menge hilfreiche Tipps und Regeln dagegen schon.

Unser Best-of der guten Kommunikation finden Sie in diesem Kapitel.

Gesprächsführung mit Fragen

Fragen sind mächtige Instrumente der Gesprächsführung. Sie können damit den Verlauf eines Dialogs steuern und Themenschwerpunkte setzen.

- Dialog auf Augenhöhe fördern Sie mit offenen Fragen. Das sind Fragen, die mehr als ein Ja und Nein als Antworten zulassen: Wie? Wo? Wann? Wer? Welche? Stellen Sie solche W-Fragen, um beispielsweise Informationen oder Meinungen einzuholen oder Diskussionen anzustoßen.

> Vorsicht mit Warum- und Weshalb-Fragen. Insbesondere bei schwierigen Gesprächen muten sie schnell als unangenehme Verhörtechnik an, die Ihr Gegenüber zur Rechtfertigung zwingt.

- Geschlossene Fragen sind das Mittel der Wahl, wenn Sie Wissen oder Verständnis absichern oder Ihren Gesprächspartner auf eine klare Antwort verpflichten wollen – nützlich, wenn der andere viel oder um den heißen Brei herumredet: »Entscheiden Sie sich für Lösung A oder für Lösung B?«, »Ist das richtig?«

- Geht es Ihnen darum, eine schnelle Einschätzung vom anderen zu einem Thema zu bekommen? Dann sollten Sie Skalenfragen stellen: »Auf einer Skala von 1 bis 10: Wie hoch schätzt du das Risiko dieses Faktors ein?«

Besser nicht!

- Suggestivfragen (»Ihr wollt das Projekt doch nicht kippen?«) haben manipulativen Charakter. Sie sollten Sie nur in Ausnahmefällen einsetzen, da sie den anderen in die Ecke drängen.
- Ebenso negativ können rhetorische Fragen wirken. Sie sind keine echten Fragen, sondern Feststellungen, weil der Fragende keine Information vom anderen erwartet: »Ist das dein Ernst?«, »Habe ich nicht gleich gesagt, dass es so enden wird?«.

Mit Körpersprache punkten

Wenn Sie einen bleibenden positiven Eindruck bei Kunden, Kollegen, Vorgesetzten und Ihrem Team hinterlassen wollen, sollten Sie auch auf Ihre Körpersprache achten.

BEISPIEL:

Maria erklärt einen Workflow. Während Lara gespannt zuhört und gestenreich Fragen stellt, hängt Paul in seinem Stuhl und spielt mit einem Stift. »Folgst du mir noch?«, fragt Maria. »Natürlich«, antwortet Paul überrascht.

Maria hat in Pauls Verhalten ein Muster erkannt und daraus den Schluss gezogen, dass er unaufmerksam ist. Indem Sie sich solcher Muster bewusst werden, können Sie Ihre Ausdrucksmöglichkeiten erweitern. Wir wirkt jemand auf Sie, der mit wenig Körperspannung und hängenden Schultern vor Ihnen steht? Eine locker aufgerichtete Haltung und dynamische Gesten verbinden wir mit mehr Selbstbewusstsein.

Machen Sie sich bewusst: Die Wirkung dessen, was wir sagen, kann durch den Gesamteindruck verstärkt, abgeschwächt oder sogar zerstört werden. Gerade in den ersten Sekunden ist der optische Eindruck maßgeblich. Nicht nur Ihr Look kann Sympathie oder Irritation hervorrufen. Auch Ihre Körpersprache, Stimme oder Art zu sprechen entscheiden darüber, ob Sie für selbstbewusst oder schüchtern, offen oder zugeknöpft, für dominant oder devot gehalten werden.

Während Sie den Sitz Ihrer Frisur oder Kleidung korrigieren können, lässt sich Körpersprache – als weitgehend unbewusste Ausdrucksform – nur bedingt beeinflussen. Dennoch können Sie auch auf dieser Ebene etwas tun. Zum Beispiel Ihre Haltung verbessern.

- Achten Sie auf einen lockeren, aufrechten Stand, die Füße hüftbreit, das Becken leicht nach vorne gekippt. Dadurch nehmen Sie nicht nur automatisch eher Blickkontakt auf, sondern können auch freier atmen und Ihre Stimme entfalten.

- Wie präsent jemand im Gespräch ist, wird durch die Häufigkeit und Art des Blickkontakts unterstrichen, wobei ein Kontakt von etwa drei Sekunden hierzulande als angenehm empfunden wird.

- Gesten können die Intention dessen verstärken, was wir sagen. Hier bremsen Sie sich aus, wenn Sie Ihre Hände hinter Ihrem Rücken verstecken – besser Sie halten Sie locker etwa in Bauch- oder Hüfthöhe.

- Auch auf Ihre Sprechweise können Sie jederzeit achten, zum Beispiel langsamer sprechen, deutlich artikulieren, Pausen lassen.
- Und Sie können Ihre innere Einstellung justieren. Stehen Sie zu dem, was Sie äußern. Zeigen Sie, warum Sie für Ihr Thema brennen. Wer authentisch ist, muss sich um einen stimmigen Auftritt keine Sorgen machen.

> Übrigens: Körpersprache ist nicht eindeutig, wir interpretieren sie im Kontext und unbewusst. Seien Sie daher vorsichtig mit einer 1:1-Deutung von Körpersignalen. Verschränkt ein Kollege, während Sie sprechen, die Arme, schließen Sie daraus nicht gleich auf Skepsis oder gar Ablehnung. Suchen Sie nach weiteren Signalen, die Ihre Annahme bestätigen oder widerlegen.

Überzeugen mit Ihrer Schlüsselbotschaft

Gut reden vor Publikum können Sie. Aber haben Sie auch an eine emotionale Schlüsselbotschaft gedacht?

Ein Markenprodukt ohne Slogan? Kaum vorstellbar. Ähnlich ist es mit Ansprachen, Präsentationen oder Vorträgen. Während Einzelheiten vergessen werden, bleibt eine prägnante Schlüsselbotschaft bei den Zuhörern hängen. Vorausgesetzt, Sie holen damit Ihr Publikum ab – so wie Sie Ihren gesamten Vortrag an dessen Erwartungen und Bedürfnissen ausrichten.

Erfolgskriterien: Direkt ins Herz!

- **Verständlich:** Packen Sie wenige Informationen in ein bis zwei kurze Sätze. So wird die Botschaft schnell erfasst.
- **Direkte, aktive Sprache:** Nicht: »Nach Beschluss des Vorstands und ordnungsgemäß eingeholter Zustimmung des Betriebsrats gebe ich bekannt ...« Sondern: »Der Umzug ist beschlossen. Der neue Standort heißt München.«
- **Emotion:** »Ich habe eine schlechte und eine gute Nachricht für euch: Die Oper in München ist teuer. Der Alpenblick in unseren neuen Büroräumen ist umsonst.« Was hier noch genutzt wird, sind ein Moment der Überraschung und Humor – beides ebenfalls gute Anker.
- **Brücken:** Nutzen Sie Bilder, Vergleiche, Beispiele. »Künstliche Intelligenz im Recruiting bedeutet: Sie haben das Wort Stellenausschreibung noch nicht ausgesprochen, da sind die passenden Fachkräfte schon gefunden.«
- **Timing:** Gespür für Dramaturgie ist gefragt. Mit Ihrer Schlüsselbotschaft können Sie den Hauptteil Ihres Vortrags eröffnen, aber auch in einem Spannungsbogen darauf zusteuern. Zum Schluss greifen Sie die Botschaft nochmals auf.

Nein sagen: Der Weg aus dem Loyalitätsdilemma

Subtiler oder offener Erwartungsdruck kann einem ganz schön zusetzen, wie das folgende Beispiel zeigt.

BEISPIEL:

Anja Holzbrink und ihr Team haben sehr viel zu tun, zu viel, wie ein Anja nach einem Blick auf die Zahl der Überstunden mit Sorge feststellt. Und nun kommt auch noch der CEO mit einem Sonderprojekt: »Können Sie das noch schnell miterledigen? Dauert auch nicht lange. Sie schaffen das schon!« Anja weiß, dass sie Nein sagen sollte, kann es aber nicht.

Klar ist: Nein sagen ist wichtig, insbesondere und gerade auch für Führungskräfte im mittleren Management, die Druck von oben und unten erfahren.

Abgrenzstrategien

- Nein sagen hat etwas mit Prioritäten zu tun. Wer seine Prioritäten kennt, dem fällt es leichter, begründete Absagen im Klartext zu formulieren oder aus dem Nein ein Ja mit Bedingungen zu machen.

BEISPIEL: STATT EINES NEINS EIN JA MIT BEDINGUNGEN

»Wir können dieses Projekt A übernehmen. Zuvor müssen wir allerdings noch X und Y erledigen. Falls wir das Projekt A aber vorziehen sollen, verschieben sich X und Y um zwei Wochen nach hinten.«

- Liefern Sie zum Nein nachvollziehbare Argumente. Ein Nein ohne Begründung kommt beim Gegenüber nicht gut an.
- Entlarven Sie Manipulation. Wo moralischer Druck oder subtil Macht ausgeübt wird, ist der Weg des geringsten Widerstands die schlechteste Option.

- Der Angepasste ist nicht automatisch der Erfolgreichere. Jede Anforderung von oben anzunehmen, wäre falsch verstandener Ehrgeiz und auch schlecht für die Motivation im Team, für das Sie als Führungskraft verantwortlich sind. Hinterfragen Sie die Verhältnismäßigkeit von Anforderung und Ergebnis. Vertrauen Sie Ihrer Urteilsfähigkeit und Ihrer Linie.

Loben oder Feedback geben? Von der Kunst der Anerkennung

Lob ist die kleine Schwester der Wertschätzung. Ist es aber auch ein Selbstläufer bei der Mitarbeitermotivation? Eher nicht. In deutschen Unternehmen werden Mitarbeiter zu wenig gelobt, liest man immer wieder. Natürlich: Lob tut gut. Doch gleichzeitig kann es auch ein wenig von oben herab wirken. Es ist ein Muster, dessen hierarchische Herkunft sich nur mühsam abstreifen lässt: Die Direktorin lobt den Lehrer, der Lehrer die Schülerin, die Eltern loben das Kind, das Kind den Hund – das letzte Glied im Familienrudel.

Achtung, kontraproduktiv!

Lob als Ausdruck von Macht – wird es dann noch instrumentalisiert, verfestigt es das System. Und gleicht dem gönnerhaften Tätscheln, mit dem der nicht besonders interessierte, aber gerade gut aufgelegte Chef dem braven Mitarbeiter seinen Platz zuweist. Wer fühlt sich damit wohl? Oder es verkommt zu einem vergifteten Kompliment: »Hey, da warst du ja mal richtig gut.« Aha.

Besser: Feedback

Ein echtes positives Feedback vermag so viel mehr als ein Lob. Es bestätigt, ermutigt, motiviert. Doch nur unter diesen Voraussetzungen:

- Es ist erwünscht. Vom Mitarbeiter.
- Es ist sozial angemessen: auf Augenhöhe und nicht von oben herab.
- Es ist relevant, geht inhaltlich auf die Leistung, das Verhalten, den Kontext (die Abteilungs-, Unternehmensziele ...) ein.
- Es ist authentisch, ehrlich gemeint, ein Ausdruck der Freude.

In einer wertschätzenden Vertrauenskultur, in der Mitarbeiter als reife, verantwortungsbewusste Teamplayer ernst genommen werden, gibt es statt Lob konstruktives Feedback, das als Basis für Weiterentwicklung dient. Übrigens auch für Führungskräfte und nicht nur für Mitarbeiter.

Die Lösung, nicht das Problem im Blick

In einer anklagenden und feindseligen Atmosphäre können keine guten und kreativen Lösungen entstehen. Wer das Gefühl hat, als Schuldiger oder Verlierer abgestempelt zu werden, verfällt in eine Abwehrhaltung. Die Folge: Nichts geht mehr. Um solche verfahrenen Situationen gar nicht erst entstehen zu lassen, bietet sich die 3-W-Technik an. Sie stammt vom Psychologen Thomas Gordon, der fest davon überzeugt war, dass in der Gesprächsführung eine Prämisse gelten sollte: »Ich bin wichtig – du bist wichtig – wir sind wichtig«. Diese Grundhaltung hilft dabei, ein konstruktives Gesprächsklima zu schaffen, auch wenn es schwierig wird.

Mit den 3 W führen Sie Gespräche nach diesem Ablauf:

1. **W**ahrnehmung der Situation: »Ich sehe, dass ...; ich höre ...«
2. **W**irkung auf mich: »Ich bin deswegen ... (z. B. traurig, erstaunt, überrascht, irritiert).« Diese Ich-Botschaft lädt Ihr Gegenüber zum Perspektivwechsel ein, zum Nachdenken darüber an, wie es auf andere wirkt, ohne Schuldzuweisung, ohne Vorwurf.
3. **W**unsch an den anderen: »Ich wünsche mir, dass ...«. Formulieren Sie diesen Wunsch klar und deutlich in Form einer Lösungsbotschaft, aber nicht als Vorwurf.

Tabus und Peinlichkeiten: Feedback in heiklen Situationen

Wie können Sie Mitarbeitern mit auffälligen Verhaltensweisen oder störenden Äußerlichkeiten konstruktiv Feedback geben?

Der junge Mitarbeiter, der kein Fettnäpfchen auslässt. Die Kollegin im Außendienst, deren unangemessene Kleidung unangenehm auffällt. Solche Situationen sind nicht einfach zu handhaben. Denn Probleme wie diese sind so peinlich wie störend. Von allein lösen sie sich allerdings nicht, und Ihr Feedback als Führungskraft ist gerade dann wertvoll und angebracht. Nur so eröffnen Sie dem Mitarbeitenden, der Kollegin die Chance, eine Schwäche auszubügeln, die ihm oder ihr ebenso schadet wie dem Unternehmen.

Klartext mit sensiblem Touch

Münzen Sie den Anlass zur Kritik in ein wertschätzendes Feedback um. Dabei ist Einfühlungsvermögen gefragt, ohne um den heißen Brei herumzureden. »Jan, ich möchte ein Thema ansprechen, das mir selbst unangenehm ist.« Schildern Sie das Problem und zeigen Sie die negativen Konsequenzen auf. Bitten Sie den Mitarbeiter, auf eine Veränderung hinzuwirken.

Vorsicht: Auf Veränderungen, die faktisch nicht möglich sind, dürfen Sie nicht drängen. Bei Widerstand lassen Sie sich nicht auf einen Streit ein, rücken jedoch von Ihrem Appell auch nicht ab. Wenn möglich, lassen Sie das Gespräch mit einer positiven Perspektive enden.

Sie machen alles richtig, wenn Sie sich zugewandt und gelassen verhalten und daran denken, dass Sie Ihrem Mitarbeiter eine Information geben, ohne ein moralisches Urteil zu fällen.

Mitarbeitergespräche vorbereiten

»Worüber wollten wir heute noch mal sprechen?« So sollten Sie niemals in ein Mitarbeitergespräch einsteigen. Ein solches Gespräch ist wie eine Bergtour: Ohne Vorbereitung liegt das

Scheitern nah. Zeigen Sie, dass Sie kein Anfänger sind und stellen Sie rechtzeitig Ihre Ausrüstung zusammen. Bereiten Sie sich auf die Route und mögliche Schwierigkeiten vor.

Wollen Sie Ihre neuen Mitarbeiter besser kennenlernen? Überlegen Sie sich vorab Fragen, sehen Sie die Unterlagen durch. Machen Sie sich schlau über die Routinen im Unternehmen, das Zielvereinbarungssystem und den Umgang mit Personalakten. Denn aus datenschutz- und arbeitsrechtlichen Gründen unterliegt deren Nutzung engeren Grenzen, als viele meinen. Die Personalabteilung kann Ihnen weiterhelfen.

Leitfragen für die Vorbereitung

Vor jedem Mitarbeitergespräch sollten Sie folgende Punkte klären:

- **Anlass:** Warum führe ich dieses Gespräch?
- **Erwartungen:** Was erwartet der Mitarbeiter von mir, was ich von ihm?
- **Ziel:** Was soll am Ende des Gesprächs erreicht sein?
- **Themen:** Was muss angesprochen werden?
- **Nutzen:** Wie stiftet das Gespräch Sinn, wie bringt es uns weiter?

Dazu kommt die konkrete inhaltliche Vorbereitung, etwa für Ihr Feedback. Mit Leitfäden oder Checklisten kommen Sie schneller voran. Und vergessen Sie nicht das Organisatorische, etwa den Mitarbeiter rechtzeitig einzuladen und für eine angenehme und vor allem störungsfreie Unterhaltung zu sorgen.

5 wichtige Regeln für jedes Mitarbeitergespräch

Nirgendwo spiegelt sich Ihr Führungsstil so deutlich wie im Mitarbeitergespräch. Nehmen Sie das Instrument ernst.

Im Dialog mit Ihrem Mitarbeiter gilt es, sich mit Zielen, Leistungen und Entwicklung, aber auch Erwartungen und Problemen auseinanderzusetzen.

Das Gespräch klug lenken

Die Kunst besteht darin, sich auf Ihr Gegenüber einzustellen und trotzdem Ihr Gesprächsziel nicht aus den Augen zu verlieren. Achten Sie darauf, angemessen schnell auf den Punkt zu kommen.

Im Dialog motivieren

Binden Sie den Mitarbeiter ein und setzen Sie auf einen echten Austausch. Verzichten Sie auf Monologe. Stellen Sie offene Fragen. Hören Sie gut zu.

Sachlich bleiben

Belegen Sie Ihr Feedback so konkret wie möglich, etwa durch Beispiele. Begründen Sie Urteile auf Basis von Unternehmenszielen und Werten wie Kundenzufriedenheit. Lenken Sie Ihre eigenen Emotionen in sozialverträgliche Bahnen: »Ich habe etwas anderes erwartet, weil ...«

Wertschätzung zeigen

Sorgen Sie für eine offene Gesprächsatmosphäre und bleiben Sie stets ruhig und freundlich. Nehmen Sie Einwände und vor allem Emotionen wie Ängste ernst. Verzichten Sie auf Schuldzuweisungen, wenn etwas nicht so gut gelaufen ist. Begreifen Sie Fehler als Chance sich weiterzuentwickeln und vermitteln Sie dieses Mindset auch an Ihre Mitarbeiter.

Fair sein

Lassen Sie durchblicken, dass Sie zwischen Ihren Mitarbeitern keine Unterschiede machen – egal wie qualifiziert oder leistungsstark sie sind. Das verlangt schon das Allgemeine Gleichbehandlungsgesetz (AGG).

Übrigens: Viele Mitarbeiter wünschen sich, dass die direkte Kommunikation mit ihrem Vorgesetzten öfter stattfindet. Indem Sie den Austausch fördern, fördern Sie auch die Bindung Ihrer Mitarbeiter an das Unternehmen.

Wertschätzende Kommunikation – 5 Tipps für den Arbeitsalltag

Gute Führung funktioniert nur, wenn Sie auf Augenhöhe mit Ihren Mitarbeitern kommunizieren. Doch wie kommen Sie dahin?

»Kai, den Mist kannst du dem Kunden nicht vorsetzen!« Wertschätzende Kommunikation hört sich anders an. Es braucht das richtige Mindset dazu:

- Wertschätzen Sie ganz bewusst die verschiedenen Stärken Ihrer Mitarbeiter. Bereits der Versuch lohnt, denn die Forschung weiß: Die kreativsten Teams sind heterogen besetzt.
- Kommunikation = Reden? Wertschätzende Kommunikation ist das Ergebnis einer anderen Formel: Zuhören x Verstehen + Reden. Aufmerksam zuhören, um zu ergründen, was der andere wirklich meint, signalisiert: »Das, was du sagst, ist wichtig.«
- Fragen haben gewaltige Macht. Ungeschickt eingesetzt wandeln sie Dialoge in Verhöre. Besser sind offene Fragen, die zum Austausch einladen und nicht nur ein Ja oder Nein zulassen.
- Geben Sie Gefühlen Raum. Vor allem starke Emotionen wie Wut und Ärger sind Warnsignale, dass da gerade Bedürfnisse auf der Strecke bleiben. Schaffen Sie eine Atmosphäre, in der es okay ist, darüber zu sprechen, weicht die Anspannung meist schnell. Das bestätigen auch Wissenschaftler, die empfehlen: »Name it to tame it.« Das macht Sie nicht etwa zum Weichei, im Gegenteil: Es zeigt Ihre Stärke.
- Setzen Sie sich und Ihren Gesprächspartner auf eine imaginäre Dialog-Wippe. Sie kann mal oben, mal unten sein. Meist

sollte sie sich jedoch in der Waagrechten befinden: auf Augenhöhe. Ausbalancieren können wir sie mit zugewandter Körpersprache und Worten: »Kai, können wir über deinen Entwurf sprechen? Mir ist aufgefallen, dass ...«

5 Erfolgsfaktoren für Ihre Präsentation

Schicke Folien sind mit modernen Tools schnell erstellt. Doch wie überzeugen Sie mit Ihrer Präsentation?

1. **Reduzieren Sie.** Dass Präsentationen vor allem *illustrieren*, wird oft vergessen. Anstatt Folien mit Details zu überfrachten, überlegen Sie: Was muss mein Publikum *sehen*, damit es versteht, lernt, behält, sich begeistert? Den gesamten Inhalt vermitteln Sie mündlich bzw. über die Tonspur.

2. **Nutzen Sie Bilder, die für sich stehen.** Nicht nur beim Intro oder zum Schluss. Ein perfekt passendes Foto oder Video mit O-Tönen zündet besser als noch eine Liste mit Bulletpoints.

3. **Vereinfachen Sie.** Der Inhalt einer Folie sollte in wenigen Sekunden zu erfassen sein. Als Leitschnur gilt: pro Textfolie ein Gedanke, zum Beispiel eine These mit Beleg, pro Chart eine Aussage (»X ist im Aufwärtstrend«). Muten Sie dem Publikum aber nicht nur Stichworte oder unkommentierten Diagramme zu. Wo nötig, sichern kurze Sätze das Verständnis ab.

4. **Achten Sie auf eine klare Optik.** Das Layout darf nicht von Ihren Botschaften ablenken. Nutzen Sie beispielsweise nur *eine* serifenlose Schriftart, die das Corporate Design vorsieht.

Besondere Effekte, wie das Überblenden, sind meist überflüssig, weil Sie Ihr Publikum vom Wesentlichen ablenken.

5. **Präsentieren Sie adressatengerecht.** Die schickste Prezi nützt nichts, wenn Sie Vorwissen, Erwartungen und Bedürfnisse des Publikums ignorieren. Erzählen Sie Geschichten, wecken Sie Emotionen – und Ihr Publikum ist bei Ihnen.

Workshops erfolgreich moderieren

Als Moderator sind Sie für Struktur und Organisation des Workshops zuständig: dass Hilfsmittel bereitstehen, dass das Ziel klar ist, Ergebnisse dokumentiert werden etc. Bereiten Sie sich daher gut vor. Dazu gehört auch der Entwurf einer Struktur. Ein mögliches Ablaufraster ist: Aufwärmübung, Ideen sammeln, Ideen evaluieren, Maßnahmen festlegen. Die engere Themenauswahl bestimmt dann schon die Gruppe. Überlegen Sie sich abwechslungsreiche Kreativitätstechniken, um das Querdenken zu befeuern (siehe hierzu das Kapitel »Kreativitätstechniken«). Vielleicht können Sie das ewige Brainstorming durch ein witziges Rollenspiel ersetzen.

Fragen Sie zu Beginn die Erwartungen der Teilnehmer ab. Klären Sie Anlass und Ziel. »Worum geht es? Was wollen wir erreichen? Wie gehen wir vor?« Kommunizieren Sie vor jeder Aufgabe Regeln und Zeitrahmen. Achten Sie auf Fairness, beziehen Sie auch die Schüchternen mit ein. Jeder hat das gleiche Recht, Themen oder Ideen einzubringen. Während Sie alle Impulse und Lösungsvorschläge sammeln, obliegt der Gruppe die

Bewertung. Sie ist fachkundig und bestimmt, wie das Ergebnis aussieht.

Als guter Moderator brauchen Sie neben organisatorischem Geschick auch einige persönliche Fähigkeiten. Schließlich müssen Sie einen Draht zu den Teilnehmern finden und sie motivieren. Sorgen Sie für eine entspannte Arbeitsatmosphäre, in der auch gelacht werden darf.

Konflikte und Krisen managen

Alles okay in Ihrem beruflichen Umfeld? Schön. Doch verlassen Sie sich drauf: Das bleibt nicht so. Ein Problem, ein Konflikt oder gar eine Krisensituation kommt meist schneller, als Sie denken, vor allem wenn Sie Führungskraft sind. Schließlich hat man Sie auch eingestellt, um Probleme zu lösen.

Daher sollten Sie ein paar bewährte Erste-Hilfe-Maßnahmen parat haben. Besonders hilfreiche finden Sie in diesem Kapitel.

3 Regeln zur Konfliktbearbeitung

Streit ist nervtötend und zeitraubend. Konflikte müssen beigelegt werden, je schneller, desto besser. Mit den folgenden Methoden bringen Sie Ruhe und Frieden zurück.

Die Lösung im Blick, nicht das Problem

Maria blafft Jo in der Teamsitzung an: »Hab ich dir doch gleich gesagt: klappt nicht!« Wer Ziele und Stärken im Fokus hat, findet schneller aus dem Labyrinth des Konflikts als derjenige, der nur auf Probleme fixiert ist. Hin zur Lösungsorientierung leiten Sie die Streithähne mittels Fragen: Was können wir Gutes daraus ziehen? Was tun, damit es besser läuft?

Wertschätzende Kommunikation steuern

Jo kommt zu Ihnen: »Ich kann nicht mit Maria arbeiten. Andauernd gibt es Streit!« Geht es um Elementares, hilft ein Gespräch zu dritt. Darin sind nur Beobachtungen erlaubt, keine Bewertungen. Also kein »Ständig kritisierst du mich«, sondern besser: »Mir ist aufgefallen, dass ...« Fragen Sie nach den Gefühlen der beiden: »Was löst die Situation bei dir aus?« Allein Ich-Botschaften sind zulässig: »Ich bin traurig darüber« – kein verletzendes »Du bist so ...«. Erforschen Sie, welches Bedürfnis hinter dem Gefühl steht: »Was ist dir wichtig?« Arbeiten Sie heraus, welche Lösung diesem Wunsch Rechnung trägt.

Regeln regeln

Im Team gibt es permanent Zoff rund um die Zusammenarbeit? Hier hilft ein klares Regelwerk. Am besten gemeinsam texten, unterschreiben und im Büro aufhängen. Damit die Vereinbarungen nicht nur Deko sind, werden Verstöße bestraft. Aber bitte mit Humor und Teamspirit! 3x zu spät = Kuchen fürs Team backen! 5x andere unterbrochen = nächsten Teamevent organisieren.

Wenn zwei sich streiten ... So werden Sie zum Konfliktmediator

Früher oder später ist er da: der Konflikt im Team. Doch was können Sie als Führungskraft tun? Einmischen, aussitzen oder ein Machtwort sprechen? Nichts von alldem. Es gibt bessere Methoden.

Erste Hilfe

Eine Diskussion droht zu eskalieren? Das Gehirn interpretiert Streit als Gefahr. Es schaltet automatisch den Flucht- oder Angriffsmodus ein und das rationale Denken aus. In diesem Zustand scheitert jeder Versuch, vernünftig miteinander zu reden. Ziehen Sie die Notbremse. Unterbrechen Sie das Meeting für eine Pause, in der alle durchatmen können.

Coachen statt einmischen

Können Mitarbeiter einen Konflikt nicht selbst lösen, heißt es für Sie aktiv werden. Schlüpfen Sie in die Rolle eines neutralen Coaches, der die Basis für ein konstruktives Gespräch schafft:

- Wer sich mitten in einem Konflikt befindet, dreht sich mit seinen Argumenten oft im Kreis. Unterbrechen Sie das Gedankenkarussell. Führen Sie die Streithähne mittels Fragen vom Problem weg zu Lösungen: Was können wir tun, damit ...? Was lässt sich daraus lernen?
- Lassen Sie die Parteien selbst Lösungswege finden.
- Oft sind es verletzte Gefühle, die einen auf die Palme bringen. Dann hilft auch das beste Argument nicht. Viel besser ist es, sich gemeinsam auf die Suche nach dem Bedürfnis zu machen, das gerade zu kurz kommt.
- Menschen verlieren nicht gerne. Finden Sie also Ergebnisse, die für alle ein Gewinn sind. Hier hilft das Harvard-Prinzip, das klar zwischen Positionen und Interessen trennt.

3 Tipps zum Umgang mit schwierigen Zeitgenossen

Freunde können wir uns aussuchen. Nicht so Kollegen und Mitarbeiter. Doch was tun, wenn die Chemie nicht stimmt?

Sie können Marc nicht ausstehen, weil er so ein Bedenkenträger ist. Die chaotische Lisa nervt Sie unendlich. Umerziehen, ignorieren, abstrafen, anschreien oder gar feuern? Geht alles nicht. Zur Professionalität einer Führungskraft gehört es, sich Antipathien nicht anmerken zu lassen.

Nicht schwierig, sondern einfach nur anders als Sie!

Wenn jemand Sie permanent auf die Palme bringt, versuchen Sie doch mal folgende Abseilstrategien:

- Wichtig ist, eine konstruktive Basis zu finden. Akzeptieren Sie, dass Menschen unterschiedlich sind. Behandeln Sie Kollegen auch dann respektvoll, wenn ihr Verhalten Sie irritiert. Einen notorischen Nörgler werden Sie kaum ändern. Sie können aber versuchen, sich von seinen negativen Bemerkungen weniger beeinflussen zu lassen.

- Hinter jeder Schwäche schlummert eine Kompetenz. Nutzen Sie dieses Prinzip gezielt für Ihr Team: Marc, der Kritiker, findet Fehler, die andere übersehen. Lisa ist zwar schusselig, aber im Ideen-Brainstorming höchst kreativ.

- Sie können nicht nachvollziehen, warum jemand ganz anders agiert als Sie? Vielleicht hat er eine andere Grundmotivation. Leistungsorientierung, Zugehörigkeit oder Macht – welcher Motor ist es, der Sie antreibt? Es entspannt, wenn Sie Ihre Motivation kennen und damit rechnen, dass andere nicht unbedingt die gleiche haben.

- Mit Lutz geraten Sie ständig aneinander: Er ist impulsiv, Sie planen alles ganz genau. In seinem Büro herrscht Chaos, bei

Ihnen Ordnung. Da haben Sie wohl Ihren Anti-Typ vor sich – einen Menschen, der vieles verkörpert, was Sie nicht sind. Doch das muss nicht per se negativ sein. Schauen Sie genau hin. Vielleicht können Sie von ihm lernen und Ihr Repertoire erweitern: hin und wieder spontaner sein oder ins Risiko gehen.

- Wenn Sie die Perspektive verändern und Verständnis für den anderen aufbringen, dann ist schon viel gewonnen, um konflikträchtige Situationen zu entspannen. Wenn Sie zum Beispiel der Kollege aus der Personalabteilung zum dritten Mal anschreibt, dass Sie Ihre Überstunden bis zum Tag X abgebaut haben müssen, ist er nicht zwangsläufig ein Pedant, er *verhält* sich nur pedantisch. Womöglich will er nur sicherstellen, dass es keinen Ärger mit dem Betriebsrat gibt.

Win-win-Situationen schaffen mit dem Harvard-Prinzip

Jeder besteht auf seiner Meinung? Nichts geht mehr? In verfahrenen Situationen helfen die Ansätze des Harvard-Konzepts, das ursprünglich für komplizierte Verhandlungsprozesse entwickelt wurde.

Ziel der Methode ist es, dass beide Seiten als Gewinner aus der Verhandlung hervorgehen. Sie strebt also eine Win-win-Situation an. Bildlich gesprochen erhalten damit beide Streithähne ein gleichgroßes Stück vom zu verteilenden Kuchen. Beide sollen in der Sache für sich den größtmöglichen Nutzen aus der Verhandlung ziehen. Strebt man dagegen nur einen Kompromiss an, würden beide Parteien immer jeweils ein Stückchen verlieren.

Die vier Grundprinzipien des Harvard-Ansatzes

- Es wird strikt zwischen dem Problem und den Menschen, die dahinterstehen, getrennt. So lassen sich Emotionen und persönliche Motive aus der Diskussion heraushalten.
- Keine Rolle spielen die Positionen der Parteien, sondern nur die dahinterliegenden wechselseitigen Interessen. Sie sind die Basis dafür, um eine Lösung zu finden, die beiden gerecht wird.
Beispiel: »Ich bin gegen diese Entscheidung« ist eine Position. Hinter dieser Position können verschiedene Interessen stehen, so z. B. finanzielle oder strategische.
- Die Beteiligten entwickeln gemeinsam Lösungsvarianten, die beiden Seiten den größtmöglichen Nutzen bringen. Sie vergrößern also den Kuchen, damit jeder davon satt wird. Hier sind Kreativität und Flexibilität gefragt.
- Die Parteien einigen sich auf neutrale Messkriterien, die dabei helfen, die Lösungsvarianten zu bewerten und zu priorisieren.

Heiter scheitern – vom richtigen Umgang mit Misserfolgen

Sie sind an einer Aufgabe oder mit einer Idee gescheitert? Misserfolge schmerzen, denn der Grat zur persönlichen Niederlage ist schmal. Dabei wusste schon Winston Churchill: »Erfolg ist die Fähigkeit, von einem Misserfolg zum anderen zu gehen, ohne seine Begeisterung zu verlieren.«

Zur Resilienz, dem »Wegstecken-Können« von Krisen und Rückschlägen, gehören Fähigkeiten wie Zielorientierung und Optimismus.

- Richten Sie, wenn Sie einmal nicht erfolgreich waren, den Blick nach vorn. Kann Sie ein Rückschlag von Ihrem Weg abbringen? Halten Sie es wie der geniale Erfinder Thomas Edison, der einst sagte: »Erfolg ist ein Gesetz der Serie und Misserfolge sind Zwischenergebnisse. Wer weitermacht, kann gar nicht verhindern, dass er irgendwann auch Erfolg hat.«

- Überlegen Sie zudem, was Sie aus der Situation lernen. Warum waren Sie nicht erfolgreich, was war das Problem, wo lag der Fehler? Was ist den Umständen geschuldet, wo liegt Ihr Anteil? Was wussten Sie nicht oder konnten Sie nicht wissen? Haben Sie es sich irgendwo zu leicht gemacht, etwas nicht zu Ende gedacht? Womöglich erkennen Sie auch, dass Ihnen zum Erfolg noch bestimmte persönliche oder fachliche Fähigkeiten fehlen. Werten Sie jeden Hinweis daraufhin aus, wie Sie Ihre Aufgabe noch professioneller angehen können.

Harte Zeiten? So navigieren Sie gut durch Krisen

Ob Pandemie oder plötzlicher Auftragsrückgang – Krisen sind eine Bewährungsprobe für Führungskräfte. Als Vorgesetzter sind Sie immer auch Krisenmanager. Ihre Mitarbeiter beobachten sehr genau, wie Sie diese Rolle ausfüllen. Doch keine Panik, mit der richtigen Strategie lässt sich jede schwierige Situation gut und sicher bewältigen.

Ruhig bleiben

Krisen erzeugen Ängste – und Ängste lassen uns spontan und unüberlegt handeln. Flucht, Angriff, Totstellen sind Verhaltensmuster, die unseren Vorfahren im Kampf mit dem Säbelzahntiger das Überleben sicherten. Im Berufsleben von heute ist das intuitive Keulenschwingen jedoch höchst riskant. Nötig sind wohlüberlegte Krisenkonzepte, die auf Fakten basieren und nicht auf Emotionen. Dazu braucht es einen klaren Kopf, und den haben Sie und Ihr Team erst wieder, wenn sich die anfängliche Panik gelegt hat. Also: Erst einmal durchatmen, Ruhe ins Team bringen, nicht gleich lospreschen!

Ehrlich bleiben

Beschönigen Sie nichts. Das Wichtigste in schwierigsten Zeiten ist Vertrauen. Und genau dies setzen Sie aufs Spiel, wenn Sie Fakten verschweigen, um Ihre Mitarbeiter zu »schonen«. Ebenfalls ein No-Go: die berühmte Salamitaktik, bei der Probleme nur scheibchenweise auf den Tisch kommen.

Zusammenhalt fördern

»Wir schaffen das!«, »Eine für alle, alle für eine!« – schwören Sie Ihr Team auf das gemeinsame Ziel ein. Jede Krise hat auch etwas Gutes: Ziehen alle an einem Strang, kann das Team gestärkt aus ihr hervorgehen. Zeigen Sie den tieferen Sinn hinter den Problemen auf. Sinnhaftigkeit motiviert ungemein.

Richtig umgehen mit Fehlern

Über Fehler sprechen will gelernt sein. Eine gute Fehlerkultur hilft dabei. Der Kunde hat den falschen Vertrag erhalten? Wie konnte das passieren? Nun, Fehler passieren überall. Entscheidend ist der Umgang damit.

Selbst wenn Sie sich im ersten Moment ärgern – mit einer besonnenen und wertschätzenden Reaktion beweisen Sie Führungsstärke. Doch wie reagiert der Mitarbeiter? Gut, wenn er von sich aus auf Sie zukommt!

1. Bedanken Sie sich für die Information und das Vertrauen, das er Ihnen damit entgegenbringt.
2. Erforschen Sie gemeinsam die Ursache. Ist der Prozess fehleranfällig? Fehlen Kompetenzen? Lag es an Überlastung?

3. Bitten Sie um Vorschläge, wie sich Fehler dieser Art künftig verhindern lassen. Legen Sie gemeinsam Maßnahmen fest.
4. Überlegen Sie, ob die Fehlerdynamik im Team besprochen werden muss. Dies geschieht nach dem Einzelgespräch und ohne Schuldzuweisung. Es geht um Sensibilisierung und Lösungen.

Werden Fehler hingegen unter den Teppich gekehrt oder häufen sie sich, kommunizieren Sie klar, dass es so nicht geht. Sie sind verantwortlich und müssen Schaden vom Unternehmen abwenden.

Offene Fehlerkultur etablieren mit Failure-Foren

Entwickeln Sie eine Fehlerkultur, die auf vorbeugende und nachhaltige Maßnahmen setzt. Die niemanden Fehler vertuschen lässt aus Furcht, persönlich diskreditiert zu werden. In der es aber auch selbstverständlich ist, die Betroffenen unverzüglich zu informieren und alles zu tun, um den materiellen und sozialen Schaden zu begrenzen. Zuletzt brauchen Ihre Mitarbeiter noch einen Skill: die Bereitschaft, aus Fehlern zu lernen.

Fördern lässt sich dies alles besonders gut mit Fehler-Foren, in denen es um nichts anderes geht als um Missgeschicke und Rückschläge. Führen Sie zum Beispiel einen Failure-Friday ein: Bei einem Meeting zum Wochenausklang stellen alle ihre Fehlschläge der Woche vor und diskutieren dann auch gleich, was man daraus lernen kann. Gehen Sie mit gutem Beispiel voran und starten Sie die Runde: Was ist Ihnen diese Woche missglückt? Am Anfang fühlt sich das vielleicht ungewohnt an. Sie werden jedoch sehen: Allmählich wird sich der Umgang mit Fehlern in Ihrem Team wandeln – hin zu einer konstruktiveren offenen Fehlerkultur.

Problemursachen analysieren mit der 5-W-Methode

Fehler sind wie Krankheiten: Nur die Symptome zu behandeln, löst das eigentliche Problem nicht. Man muss sich auf die Suche nach den Ursachen machen, um es nachhaltig abzustellen.

Zur Wurzel eines Fehlers gelangen Sie mit der 5-W-Methode. Sie ist eine simple, aber sehr wirksame Fragetechnik: Fragen Sie fünf Mal nach dem Warum. Mitunter reichen sogar weniger Fragen; hin und wieder braucht es ein paar mehr. Ihr Gegenüber führt Sie mit seinen Antworten Schritt für Schritt zum Kern des Problems.

So machen Sie schwache Mitarbeiter stark

Leistet ein Teammitglied nicht das, was es soll, leiden alle. Für Sie heißt das: Handeln!

Jan ist zufrieden mit seinem Team. Mit einer Ausnahme: Jakob. Kollegen und Kunden beschweren sich über ihn. Bevor Jan aktiv wird und gegensteuert, muss er klären: *Kann* oder *will* Jakob nicht?

Der Mitarbeiter kann nicht

Im Vier-Augen-Gespräch findet Jan heraus, dass Jakob überfordert ist. Für Überforderung gibt es je nach Ursache verschiedene Lösungen:

- Fehlt es an fachlichem Know-how? Abhilfe schafft gezielte Förderung, etwa in Schulungen oder Trainings.

- Ist chronische Überlastung der Grund? Mitarbeiter versinken oft in Aufträgen aus Linie und Projekt. Suchen Sie nach Möglichkeiten, um die Arbeitslast herunterzufahren.

- Passt die Aufgabe nicht zur Persönlichkeit? Hier kommt ein Switch des Aufgabengebiets infrage. So wie beim kreativen Jakob, dem To-dos nicht liegen, die Präzision erfordern.

Der Mitarbeiter will nicht

Und wenn Jan feststellt, dass Jakob blockt? Auch Widerstand kann viele Ursachen haben:

- Wer keinen Sinn in seinem Job sieht, ist motivationslos. Jan kann Sinn stiften, indem er Jakobs Beitrag zum Unternehmenserfolg verdeutlicht.

- Auch Veränderungsprozesse können zu Blockaden führen. Die Lösung: Ängste abbauen durch transparente Informationspolitik.

- Jakob fühlt sich unwohl im Team? Dann ist Jan als Konfliktcoach gefragt.

- Einfach keine Lust? Hier hilft nur noch die gelbe Karte: eine Ermahnung und, wenn die nichts bringt, eine Abmahnung. Doch Vorsicht: Die ist nicht immer zulässig! Details weiß die Personalabteilung.

Warnsignale erkennen – Mitarbeiter schützen

Ob Corona-Krise oder anstrengender Job ohne Aussicht auf Besserung – wenn der Stress zur Dauerbelastung wird, häufen sich die Burn-out-Fälle. Umso wichtiger ist es, auf Ihre Mitarbeiter zu achten.

BEISPIEL:

Anfangs nimmt Anja es nur am Rande wahr: Jan, früher hochengagiert, wirkt unsicher, gestresst, gereizt. Die Fehler häufen sich. Er hält Termine nicht ein, obwohl er oft lange arbeitet. Als Anja reagiert, ist es zu spät. Wenige Tage nach dem Gespräch wird Jan krankgeschrieben – und bleibt es für lange Zeit.

Die Warnsignale

Auffälligen Verhaltensänderungen sollten Sie immer nachgehen. Achten Sie ganz bewusst auf folgende Warnsignale:

- Müdigkeit, Reiben der Augen,
- Mimik und Bewegungen, die auf Schmerzen schließen lassen, wie auffällige Gangart, Greifen an den Rücken,
- Gereiztheit, nervöse Unsicherheit,

- zunehmende Unzuverlässigkeit, Unpünktlichkeit,
- Interesselosigkeit,
- ansteigende Fehlzeiten.

Suchen Sie zeitnah das Gespräch mit den Betroffenen. Vorwürfe sind kontraproduktiv. Geben Sie stattdessen Ihrer Sorge Ausdruck und bieten Sie konkrete Hilfe an.

Machen Sie die Life-Balance Ihrer Mitarbeiter zu Ihrem Anliegen. Spüren Sie aktiv den Ursachen für Stress in Ihrem Unternehmen nach, kümmern Sie sich um Ausgleichsmöglichkeiten und ermuntern Sie Ihre Mitarbeiter dazu, echte Pausen zu machen – deren gesundheitliche Bedeutung ist nicht zu unterschätzen. Entwickeln Sie bei Ihren Mitarbeitern ein Bewusstsein für die Gefahren ständiger Erreichbarkeit. Denn diese gilt als hoher Risikofaktor für Burn-out.

Wenn andere Sie unfair kritisieren

Kritik kann Sie immer in einer Form treffen, die Sie nicht erwartet haben. Und auch die Motive hinter unfairen Angriffen lassen sich oft nur schwer einschätzen. Vielleicht herrscht im Unternehmen allgemein ein rauerer Ton und die Kritik ist nicht abwertend gemeint. Vielleicht will sich aber auch jemand auf Ihre Kosten profilieren oder von eigenen Schwächen ablenken. Umso wichtiger, einem harten oder ungerechten Urteil mit professioneller Distanz zu begegnen.

Natalie, seit vier Wochen im Team, stellt in einer Präsentation neue Collaboration-Tools vor. Die erste Rückmeldung kommt von einem Kollegen: »Das ist doch ein alter Hut. Ich dachte, Sie hätten mehr drauf.«

Nicht alle Menschen haben ein dickes Fell oder sind schlagfertig genug, um ein unfaires Urteil dieser Art elegant auszukontern. Wehren können Sie sich trotzdem.

- Atmen Sie tief durch. Es gibt keinen Grund, sich verunsichern zu lassen.

- Ein unsachliches Urteil entlarven Sie, indem Sie sachlich bleiben. Bitten Sie freundlich um eine nähere Erklärung, wie Sie die Rückmeldung zu verstehen haben. Pauschale Kritik bringt niemanden weiter.

- Fragen Sie nach den konkreten Erwartungen.

- Stellen Sie dar, mit welcher Zielsetzung Sie an die Aufgabe herangegangen und wie Sie zu Ihrem Ergebnis gekommen sind.

Erfolgreich im Team

Alle für einen und einer für alle – das sollte in jedem Team gelten. Denn ein starker Zusammenhalt motiviert ungemein. Die Realität in den Unternehmen sieht leider oft anders aus. Doch wie machen Sie aus Einzelkämpfern Teamplayer? Wie schaffen Sie eine Kultur des Vertrauens? Wie nehmen Sie Einfluss, auch in der Sandwich-Position?

In diesem Kapitel lesen Sie, wie Sie Ihr Team erfolgreich machen – und wie nicht.

Wie Sie Ihr Team garantiert demotivieren

Ihr Leben als Führungskraft ist schwer genug. Probieren Sie zur Abwechslung mal was Leichtes aus: Demotivieren Sie Ihre Mitarbeiter.

Lernen Sie von den Strombergs dieser Welt und nehmen Sie Ihrem Team auch noch den letzten Funken Lust am Arbeiten. Das geht ganz easy, wenn Sie die folgenden – natürlich nicht ganz ernst gemeinten – Tipps beachten.

Die 5 Gebote der Demotivation

1. Alles besser wissen: Natürlich haben Sie immer Recht. Man hat Sie schließlich nicht ohne Grund zum Chef, zur Chefin ernannt. Stellt sich später heraus, dass Sie falsch lagen, halten Sie es wie Churchill: Was interessiert mich mein Geschwätz von gestern …

2. Alles nachprüfen: Sie sind ein Kontrollfreak? Gut so! Lassen Sie sich alles vorlegen. Bestimmen Sie über jedes noch so kleine Detail. Das Korsett der Mitarbeiter muss zwacken und drücken, sonst sitzt es nicht richtig.

3. Alles nehmen, nichts geben: Natürlich muss jeder im Team immer erreichbar sein. Und selbstverständlich geht keiner schon um 20 Uhr nach Hause. Dafür gibt es ja auch fürstlichen Lohn. Ausruhen können die sich, wenn sie alt, tot oder in der Burn-out-Klinik sind.

4. **Alles kleinmachen:** »Das war großer Mist!« Natürlich kann man das sagen. Wertschätzung überlassen Sie Bäume-Umarmerinnen und Weicheiern. Alphatiere wie Sie führen mit den Hörnern und nicht mit der Pfote.
5. **Alles zum eigenen Nutzen:** Sie sind leidenschaftlicher Fahrradfahrer. Gut so, denn das Buckeln nach oben und das Treten nach unten hilft Ihnen auch im Job. Sollen die Mitarbeiter doch selbst sehen, wo sie bleiben. Für Charity haben Sie keine Zeit.

Motivation: 3 Top-Anreize für gute Leistungen

Geld kann motivieren – in Grenzen. Anderes ist wichtiger. Wertschätzende Führung, emotionale Bindung der Mitarbeiter und Unternehmenserfolg hängen eng zusammen. Diese Erkenntnis aus den Gallup-Studien sollten Sie im Hinterkopf haben, wenn Sie darüber nachdenken, was Ihr Team motiviert.

Freiheiten

Hohes Engagement oder innere Kündigung – aus Sicht moderner Führungstheorien ist beides kein Zufall, sondern eine Frage der Führungsakzeptanz. Freiwilligkeit ist das Prinzip, das stärker motiviert als Zwang. Anstatt auf Druck zu setzen, räumen Sie Ihren Mitarbeitern Freiheiten ein. Lassen Sie sie laufen.

Sinn

Aufgaben, Ziele, Change: Verdeutlichen Sie Ihren Mitarbeitern den Sinnzusammenhang. In welchem Kontext stehen unternehmensweite Maßnahmen? Was hat das Team davon, wenn es das neue Tool nutzt? Welchen wertvollen Beitrag leistet Aufgabe X für den Teamerfolg? Besonders wichtig ist diese Motivation beim Delegieren. Sieht der Mitarbeiter eine Aufgabe als sinnlos an, ist es Zeit für Sie zu zeigen: Sie ist es nicht.

Einbindung

»Meine Meinung wird gehört. Ich werde als Mensch gesehen, nicht als Ressource.« Fühlen sich Mitarbeiter ernst genommen, ist das ein enormer Motivationsfaktor. Das Feedback von Ihnen spielt hier eine wichtige Rolle, ebenso eine Atmosphäre, die niemanden ausschließt. Schaffen Sie Anlässe für den formellen wie informellen Austausch. Das regelmäßige gemeinsame Mittagessen kann mehr bewirken als ein aufwendiges Teamevent, das nur einmal stattfindet.

Übrigens: All diese Anreize werden nur wirken, wenn Sie selbst dahinterstehen.

Warum Vertrauen in Ihre Mitarbeiter lohnt

Kennen Sie den Pygmalion-Effekt? In einem Experiment der US-Psychologen Rosenthal und Jacobson brachte man Lehrer mit Schülern zusammen, die angeblich besonders begabt waren.

In Wahrheit waren diese rein zufällig ausgewählt worden. Doch als man die Lernfortschritte testete, schnitten sie gegenüber der Kontrollgruppe überdurchschnittlich gut ab. Das führte man auf die positive Erwartungshaltung der Lehrer zurück.

Vertrauen als Ressource

Tatsächlich ist es erwiesen, dass positive Zuschreibungen motivieren. Gehen Sie daher einfach mit einer optimistischen Haltung an Ihre Aufgaben heran und vertrauen Sie darauf, dass Sie kompetente und integre Mitarbeiter an Ihrer Seite haben werden.

Vertrauen ist überhaupt eine Strategie, die sich auszahlt!

- Wer vertraut, kann Verantwortung delegieren.
- Dadurch wird vieles einfacher, schon weil Sie weniger Kontrollen und Regeln benötigen.
- Abläufe werden effizienter, Reibungen vermieden.
- Vertrauen zahlt auf ein gutes Betriebsklima ein.
- Es hilft, Krisen besser durchzustehen.

Natürlich: Ihr Vertrauensvorschuss ist ein Kredit, der nicht überzogen werden darf. Eine echte Vertrauensbasis besteht erst, wenn Sie *wissen*, dass Sie sich auf Ihr Team verlassen können. Und wenn umgekehrt auch Ihnen Vertrauen entgegengebracht wird.

Einfluss nehmen in der Sandwich-Position

»Ich kann nichts bewegen«, klagen viele Manager der Mitte. Stimmt nicht! Man muss nur wissen, wie es funktioniert. Sandwich-Manager sind mittendrin im Geschehen und nah an der Basis. Eine hervorragende Ausgangsposition, um wichtige neue Impulse zu setzen. Leider bleiben jedoch viele Change-Projekte aus der Mitte graue Theorie. Der Grund dafür ist nicht etwa, dass die Idee schlecht war, sondern dass sie falsch kommuniziert wurde. Als Sandwich-Manager brauchen Sie möglichst viele Verbündete. Und um diese zu gewinnen, müssen Sie eine Menge Überzeugungsarbeit leisten.

Vorgesetzte begeistern

Ihr Chef interessiert sich vor allem für Dinge, die dem Unternehmen Nutzen bringen. Zählen Sie also immer zuerst die Vorteile auf, die sich aus Ihrer Idee ergeben. Ihr Plan kostet Geld? Kosten sind ein rotes Tuch für jeden Vorgesetzten und ein beliebter Ablehnungsgrund. Sie sollten daher genau belegen können, warum sich Investitionen in Ihren Plan lohnen und wann sich das Vorhaben auszahlt. Untermauern Sie Ihre Thesen mit Fakten. Zitieren Sie aus Studien oder Projektberichten. Bereiten Sie sich auf Gegenargumente vor, um sie fundiert widerlegen zu können.

Mitarbeiter ins Boot holen

Erfolgreiches Gestalten ist Teamwork. Je mehr Mitarbeiter Sie zu Mitstreitern machen können, desto besser. Halten Sie es wie die Lobbyisten: Betonen Sie vor allem die Quick-Wins, von denen Ihr Team profitiert. Ziehen Sie die Meinungsmacher auf Ihre Seite. Geben Sie auch den Zweifelnden und den Ängstlichen das Gefühl, dass sie gehört werden.

Survival-Strategien für Sandwich-Manager

Ein Job im mittleren Management ist alles, nur nicht langweilig. Eine Herausforderung jagt die nächste. Wie Sie gut durch den Alltag kommen? Mit den richtigen Strategien.

Tom weiß nicht mehr, wo ihm der Kopf steht: Der Vorstand hat die Umsatzziele erhöht, die Mitarbeiter sind verunsichert, die Projekt-Deadline naht, der Kunde meckert. Eine alltägliche Situation für Sandwich-Manager. Es zieht und drückt von allen Seiten.

So meistern Sie die Herausforderungen

- Im Sandwich ist transparente Kommunikation in alle Richtungen der Erfolgsfaktor Nr. 1: Übersetzen Sie die abstrakten Ziele aus dem Management in klare Arbeitsaufträge an das Team. Gießen Sie das Feedback von unten in aussagekräftige Entscheidungsvorlagen für die Führungsebene.

- Sie müssen Ihren Mitarbeitern eine unpopuläre Entscheidung von oben verkaufen? Authentizität ist zwar wichtig, lästern geht jedoch nicht, denn das killt jede Motivation. Versprechen Sie nichts Unrealistisches. Klären Sie auf über die Faktenlage und die Hintergründe. Loten Sie Spielräume aus.

- Es wird alles zu viel? Fördern Sie die Selbstorganisation des Teams. Ersetzen Sie Kontrolle durch Vertrauen. Und nie vergessen: Sie sind Führungskraft, nicht Ihr bester Sachbearbeiter.
- Auf Anspannung muss Entspannung folgen. Wer hart arbeitet, braucht Pausen, um leistungsfähig zu bleiben. Nehmen Sie sich bewusst Zeit für sich, Ihre Familie, Hobbys, Ihren Sport.
- Mittendrin, aber trotzdem einsam? Ein Sparringspartner auf Augenhöhe, so beispielsweise der erfahrene Kollege aus der Nachbarabteilung, kann helfen, sich Frust und Stress von der Seele zu reden.

Lücke im Team: Wenn ein Mitarbeiter lange ausfällt

Ein Team ist wie ein Räderwerk. Fällt ein Rad unerwartet aus, stockt das ganze System. Um es wieder in Gang zu setzen, sind juristisches Know-how und Organisationstalent gefragt.

Das sollten Sie wissen

Sie brauchen Infos vom kranken Kollegen? Ein Anruf bei ihm ist nach der Rechtsprechung allein in Notfällen zulässig:

- wenn nur er in der Sache weiterhelfen kann und
- wenn ein Warten bis zu seiner Rückkehr nicht zumutbar ist, weil wichtige und dringende Projekte oder gar das Unternehmen gefährdet sind.

Sie wollen erfahren, wann die Erkrankte wiederkommt? Auf diese Frage muss Ihnen die Kollegin nur die »voraussichtliche« Dauer ihrer Abwesenheit mitteilen, kein genaues Datum und schon gar nicht die Diagnose.

> Krankheit schützt nicht vor Kündigung. In Extremfällen kann sie zum Verlust des Jobs führen. Kritisch wird es etwa für diejenigen, die ihre Tätigkeit aufgrund der Erkrankung dauerhaft nicht mehr ausüben können.

Das sollten Sie tun

Eine Vertretung ist nicht in Sicht? Verteilen Sie die zusätzliche Arbeit auf möglichst viele Schultern. Das stärkt den Zusammenhalt und verhindert die Überlastung Einzelner.

Mut zur Lücke: Gut ist gut genug, perfekt muss es nicht sein. Streichen Sie Nice-to-have-Anforderungen. Schieben Sie wichtige, aber nicht dringende To-dos nach hinten.

Ein Termin ist trotz Gegensteuerung nicht mehr zu halten? Ziehen Sie die Notbremse, und zwar rechtzeitig. Erarbeiten Sie Alternativszenarien, die Sie gemeinsam mit Ihrem Vorgesetzten besprechen.

Mitarbeiter führen

Sie sind im Stress, die nächste Deadline naht. Sie merken, dass Ihre Führungsskills ausbaufähig sind, haben aber keine Zeit, jetzt auch noch dicke Wälzer zu Führungstheorien zu lesen?

Einen Crashkurs in Mitarbeiterführung vermitteln Ihnen die folgenden Tipps und Strategien.

Wie wollen Sie führen?

Ein Patentrezept für Mitarbeiterführung gibt es nicht. Das breite Spektrum der Führungsstile bietet jedoch viel Inspiration für Ihr Selbstverständnis als Führungskraft.

Wir alle streben mehr oder weniger nach Eigenständigkeit. Im Berufsalltag maximal eingeschränkt wird dieses Autonomiestreben, wenn Mitarbeiter autokratisch geführt werden: Der Chef befiehlt; das Personal befolgt die Anweisungen. Das erlaubt zwar schnelle Entscheidungen und starke Kontrolle, wirkt sich aber negativ auf die Eigenmotivation und Kreativität der Geführten aus. Deswegen bietet sich dieser Führungsstil nur an, wenn es gute Gründe für das enge Korsett gibt: strenge Gesetze oder Workflows wie etwa in der Flugsicherheit oder im Krankenhaus.

Der Chef als Diener?

Auf dem Gegenpol der Führungsstil-Skala angesiedelt ist Servant Leadership. Hier begreift sich der Vorgesetzte als Dienender der Geführten. Er fördert deren Selbstwirksamkeit und ermutigt sie dazu, eigene Entscheidungen zu treffen. Diskussionen sind willkommen. Die Führungskraft delegiert nicht nur, sondern lässt los. Sie gibt die Verantwortung aus der Hand und kontrolliert nicht.

Wer so führt, geht ins volle Risiko. Studien belegen jedoch, dass Servant Leadership auch viele Vorteile bringt: mehr Arbeitszufriedenheit, Leistung, Kreativität und Identifikation mit der Organisation.

Und Sie? Dienen Sie schon oder führen Sie noch? Wie viel Autonomie für Ihre Mitarbeiter ist möglich? Wie viel Kontrolle ist wirklich nötig?

Authentisch führen ohne Macht: Das Selbstbild entscheidet

Als Führungskraft ohne Vorgesetztenfunktion sollten Sie Ihre Befugnisse und Kompetenzen nicht geringschätzen, sonst untergraben Sie Ihre Autorität.

Ob Stabsstelle oder Projektleitung – Führungskräfte ohne Weisungsbefugnis fühlen sich häufig nicht als »richtige Führungskraft«. Sie betonen gerne den fachlichen Aspekt ihrer Aufgabe und schätzen ihre Einflussmöglichkeiten und Befugnisse gering ein.

Mit so einem Selbstverständnis können Sie Ihre Rolle nicht überzeugend ausfüllen. Denn Ihre Unsicherheit spüren die Mitarbeiter. Wollen Sie, dass man Ihre Entscheidungen, Ihr Feedback etc. akzeptiert, müssen Sie sich vor allem selbst ernst nehmen. Dann können Sie andere auch authentisch führen.

Klären Sie Ihre Position

Was erwartet man von Ihnen? Welche Kompetenzen und Befugnisse haben Sie, welche Maßnahmen dürfen Sie ergreifen? Dürfen Sie zum Beispiel Kritikgespräche führen? Und wie sind die Zuständigkeiten zwischen Ihnen und der nächsthöheren Führungsebene aufgeteilt?

Ihre neue Funktion und Macht müssen Sie nicht nur aus der Hierarchie heraus übertragen bekommen, Ihr Team sollte dies auch rechtzeitig von offizieller Seite erfahren. Hilfreich ist es, wenn Ihr Vorgesetzter das Team über Ihre Rolle informiert und es bittet, Sie bei Ihrer Aufgabe zu unterstützen.

Was Mitarbeiter von Ihnen erwarten

Wie stößt Ihre Führung auf Akzeptanz? Fragen Sie zuerst: Was sind die Bedürfnisse Ihrer Mitarbeiter?

Hohes Engagement oder innere Kündigung – aus Sicht moderner Führungstheorien ist beides kein Zufall, sondern eine Frage der Führungsakzeptanz. Freiwilligkeit ist das Prinzip, das stärker motiviert als Zwang. Es funktioniert, wenn Mitarbeiter einen Gewinn aus ihrer Arbeit ziehen. Und damit ist nicht etwa das Gehalt gemeint. Die Gallup-Studie zur Arbeitszufriedenheit zeigt: Wertschätzende Unternehmenskultur, emotionale Bindung der Mitarbeiter und Unternehmenserfolg hängen eng zusammen.

Universalien einer idealen Arbeitswelt

Ihre Mitarbeiter ...

1. ... wollen wissen, was von ihnen erwartet wird. Das klar zu kommunizieren, ist Ihre Aufgabe als Führungskraft.

2. ... brauchen Anerkennung für gute Leistungen, und zwar regelmäßig.
3. ... möchten das tun, was sie am besten können. Berücksichtigen Sie dies bei der Aufgabenverteilung.

Weitere Erwartungen drehen sich um Arbeitsmittel, Weiterentwicklung und Mitspracherechte. Heute interessiert Mitarbeiter zudem, ob sich ihr Chef um flexible Arbeitsbedingungen, ethisches Verhalten, Nachhaltigkeit oder Geschlechtergerechtigkeit bemüht. Bedenken Sie: Als Führungskraft stehen Sie in der Verantwortung und haben Vorbildfunktion.

Persönlichkeit, Erfahrungen, Rollenmuster: das individuelle Führungsideal hängt von vielen Faktoren ab. Ermuntern Sie Mitarbeiter, ihre Erwartungen an Sie offen zu kommunizieren. Dann können Sie einwirken und ideale Bedingungen für gemeinsame Anstrengungen schaffen.

Führungsstil: Warum flexibel besser ist

Mitarbeiter sind unterschiedlich. Darauf muss man sich als Führungskraft einstellen können.

Marlon ist experimentierfreudig und macht seine Sache gut. So fähig Leonie ist, sie traut sich wenig zu. Der motivierten Marie fehlt es an Struktur. Georg ist ein Spezialist, der von Teamregeln wenig hält. Nach wenigen Tagen merkt Lisa: In ihrem neuen

Team ist jeder anders. Doch sie hofft, mit ihrem auf Vertrauen basierenden Stil und ihrer Erfahrung alle Mitarbeiter ins Boot zu bekommen.

Auch Sie haben Ihren eigenen Führungsstil entwickelt – oder streben das zumindest an. Die Kunst besteht darin, glaubwürdig zu agieren und dabei ein breites Verhaltensrepertoire ausspielen zu können, um verschiedenen Mitarbeitertypen und Situationen gerecht zu werden.

Klarer Blick und Empathie

Wie macht Lisa das? Marlon lässt sie laufen, Leonie etwas Neues ohne Druck ausprobieren. Marie und Georg gibt sie Feedback zu ihrem Arbeitsverhalten. Leonie hat ein Erfolgserlebnis, Marie organisiert sich besser. Nur bei Georg passiert nichts. Lisa sieht noch eine Weile zu, dann spricht sie ein Machtwort. Und da hat Georg verstanden.

Um ein Führungsrepertoire »für alle Fälle« zu entwickeln, brauchen Sie Menschenkenntnis und Empathie, aber auch Erfahrung. Insbesondere wenn Druck herrscht oder die Kooperation in einer Sackgasse steckt, ist es nicht einfach, Wege zu finden, mit denen man sich persönlich wohlfühlt. Hier hilft nur ausprobieren, dazulernen und weiter flexibel bleiben. Halten Sie es mit Sokrates: Wer die Welt bewegen will, muss erst sich selbst bewegen.

5 Navigationshilfen für unbekanntes Terrain

Der nächste Change steht an? Wer überzeugt und motiviert mitziehen soll, muss das gleiche Warum, die gleiche Richtung, das gleiche konkrete Ziel haben. Doch es geht nicht nur darum, die Mitarbeiter für die neue Sache zu gewinnen. So sollten ihnen auch die Angst davor nehmen. Das funktioniert am besten mit den folgenden Strategien:

- Binden Sie Ihr Team so früh und so umfassend wie möglich ein.

- Kommunizieren Sie klar und transparent. Erklären Sie das Warum. Auch Risiken und Befürchtungen gehören auf den Tisch.

- Change an den Mitarbeitern vorbei? Funktioniert nicht! Änderungen müssen einen klaren Nutzen für Ihr Team erkennen lassen. Analysieren Sie gemeinsam, ob noch Optimierungsbedarf besteht und wo Probleme auftreten können.

- Holen Sie alle ins Boot, auch die Bedenkenträger. Wischen sie deren Argumente nicht einfach vom Tisch. Sie können wertvolle Hinweise auf mögliche Schwachstellen der neuen Lösungen liefern.

- Neue komplexe Software oder weitreichende Änderungen im Kundenservice? Setzen Sie sich für Schulungen Ihres Teams ein. Das innovativste Verfahren oder Produkt nützt nichts, wenn es keiner bedienen kann.

Die 5 Erfolgsprinzipien agilen Führens

Bisher war Agilität für Sie eine Blackbox? Profitieren Sie von den Schätzen, die sie birgt. Das ist gar nicht schwer, wenn Sie ein paar Grundsätze beachten.

Agiles Führen ist wie Segeln auf Sicht und damit ideal, wenn sich der Kurs dauernd ändert. Mit den folgenden Prinzipien gelingt es.

Horizont erweitern

Ein Change jagt den nächsten. In solchen Zeiten gilt es, offen für neue Entwicklungen zu sein. Seien Sie neugierig! Verfolgen Sie Trends, sammeln Sie Infos, setzen Sie auf Crossfunctional Teams, um das Expertenspektrum im Projekt zu erweitern.

Silos sprengen

Sorgen Sie für einen regen Know-how-Austausch in Ihrer Abteilung. Ihr Credo sollte sein: Wissen ist für alle da und nicht nur wenigen Insidern vorbehalten.

Flexibel sein

Hat der Mensch eine Entscheidung getroffen, dann bleibt er nur allzu gern dabei, auch wenn sein Kurs nicht mehr zum Ziel passt. Ändern sich die Bedingungen in Ihrem Projekt? Höchste Zeit für eine Reflexion! Was passiert, wenn Ihr Team weitermacht wie bisher? Welche Varianten gibt es? Gibt es Besseres? Falls ja, heißt es: Richtungswechsel!

Selbstorganisation fördern

Im agilen Projektmanagement delegiert nicht der Chef die Aufgaben. Das Team selbst schnürt die Arbeitspakete und entscheidet eigenständig, wer genau sie erledigt. Führungskräfte gestalten hier nur den Rahmen. Am besten funktioniert das, wenn Sie Coach Ihrer Mitarbeiter sind.

Direkte Kommunikation etablieren

Janine mailt Jan, obwohl er nebenan im Büro sitzt? Stopp, es geht besser und schneller! Fördern Sie die persönliche Kommunikation, etwa mit kurzen Daily Stand-up-Meetings.

Agiles Führen: die 3 größten Irrtümer

Um Agilität ranken sich hartnäckige Vorurteile. Schade, denn sie versperren die Sicht auf die Chancen, die die Methode eröffnet.

Hand aufs Herz: Haben Sie das Folgende auch schon mal gedacht?

Denkfehler 1: Entweder agil oder klassisch

Alles Bewährte über Bord werfen und nur noch auf Agilität setzen? Keine gute Idee! Agiles Führen passt nicht immer und überall. Es kommt auf eine stimmige Ausbalancierung an, also ein Sowohl-als-auch und kein Entweder-oder.

Um zu erkennen, welche Strategie passt, stellen Sie sich am besten die Frage: Explore oder Exploit? Geht es um Flexibilität und Innovationen wie etwa in der Produktentwicklung? Dann sollten Sie agilen Ansätzen folgen. Ist es Ziel, Bestehendes noch effizienter zu nutzen und auszuschöpfen wie in der industriellen Fertigung? Dann bedienen Sie sich am besten aus dem klassischen Methodenkoffer.

Denkfehler 2: Agile Führungskräfte haben nichts zu tun

Selbstorganisation ist ein Grundpfeiler im agilen Projektmanagement. Verwechseln Sie das jedoch nicht mit Laissez faire. Wer agil führt, muss sich viel Zeit für das Team nehmen, muss feine Antennen dafür haben, was die Gruppe oder der Einzelne braucht, muss die Rahmenbedingungen dafür schaffen, dass alle gut arbeiten können. Trotz aller Zurückhaltung gibt es also jede Menge zu tun.

Denkfehler 3: Agil sein heißt schnell sein

Agiles Führen bedeutet nicht Schnelligkeit um jeden Preis. Zwar bekommt der Kunde im Agilen die Produktideen früher und in einem unfertigen Zustand. Das darf aber nicht dazu verführen, den Druck auf das Team und die Arbeitsbelastung zu erhöhen.

Delegieren – gar nicht so einfach

Delegieren ist eine klassische Führungsaufgabe. Leider eine, die in der Praxis oft schiefläuft.

Der Chef steht in der Tür: »Frau Küchler, wir brauchen mehr Referenzen. Adressieren Sie das bitte an die Account Manager.« Zurück bleibt die Assistentin, ratlos. Was erwartet der Chef? Dass sie sofort 15 Kollegen anruft und Druck macht? Na, die werden sich bedanken. Überhaupt: Muss da nicht das Marketing ins Boot? Berechtigte Bedenken. Und so spielt Frau Küchler kurz darauf den Ball an ihre Führungskraft zurück: »Ich weiß nicht so recht, was Sie gemeint haben. Könnten Sie mir da weiterhelfen?« Der Chef antwortet entnervt: »Bevor ich Ihnen das jetzt lang und breit erkläre, mach ich es lieber selbst.«

Wer delegiert, muss seinen Plan transparent machen. Sonst kommt die Aufgabe mit Sicherheit zurück.

- Anstatt zwischen Tür und Angel zu delegieren, besprechen Sie in Ruhe, worum es geht: Aufgabe, Ziel, Termin, Meilensteine, Beteiligte ...

- Rückversichern Sie sich, ob alles verständlich war. Was jetzt nicht geklärt wird, kostet später Zeit.

- Motivierend wirken der Nutzen für den persönlichen oder gemeinsamen Erfolg und Vertrauen: »Das ist Ihr Einstieg in ein strategisch wichtiges Thema.«, »Wenn das jemand schnell *und* gut macht, dann Sie.«, »Wir brauchen drei Ideen. Tob dich aus.«

- Wer manipulativ vorgeht, verspielt Vertrauen. Also bitte keine Mogelpackung. Eine anspruchsvolle Aufgabe erledigt niemand »mit links« und »mal eben«.
- Delegieren verbinden viele mit enger Führung und Kontrolle. Doch Kompetenz fördern Sie durch Übertragung von Verantwortung und Entscheidungsspielraum. Bevor Sie Einfluss auf die konkrete Umsetzung nehmen: Überlegen Sie, was das bewirkt.
- Delegation schreit geradezu nach Feedback. Geben Sie es, sobald das Ergebnis vorliegt.

3 Erfolgskiller für Zielvereinbarungen

Ihre ersten Mitarbeitergespräche stehen an? Dann schadet es nicht, sich die Regeln für gute Ziele ins Gedächtnis zu rufen.

Mitarbeiter wollen wissen, was von ihnen erwartet wird. Und sie laufen umso lieber los, wenn sie einbezogen werden. Doch bei der Zielvereinbarung werden immer wieder Fehler gemacht, die genau das verhindern.

Das Ziel zahlt nicht auf den Unternehmenserfolg ein

Relevanz ist das Kriterium schlechthin. Jedes Ziel, das Sie mit Ihren Mitarbeitern vereinbaren, muss vom Unternehmensziel abgeleitet sein. Das ist nicht nur aus Sicht des Unternehmens wichtig. Mitarbeiter wollen auch wissen, was sie zum Erfolg beitragen. Teil eines Ganzen zu sein, das vermittelt Sinn.

Dem Ziel fehlt es an Genauigkeit

Überprüfen Sie das Ziel nach der SMART-Formel. Gute Ziele sind:

- konkret und eindeutig (spezifisch),
- messbar (qualitativ oder quantitativ),
- attraktiv im Sinne von motivierend oder begeisternd,
- realistisch und
- terminiert.

Realistisch heißt übrigens nicht, dass das Ziel nicht anspruchsvoll sein darf. Der Mitarbeiter muss es aber im Rahmen seiner Möglichkeiten erreichen können. Sonst wird er demotiviert.

Die Inhalte rufen Ablehnung hervor

Ein Ziel, das starken Druck aufbaut, macht ebenso wenig glücklich wie eines, das dem Mitarbeiter aufgezwungen wird. Unfair wäre ein Ziel, bei dem zum Beispiel die Fähigkeiten des Mitarbeiters keine Rolle spielen. Und ethisch oder gar rechtlich bedenkliche Ziele verbieten sich von selbst.

3 Erfolgstipps für das Führen virtueller Teams

Das Führen auf Distanz ist schwer, keine Frage. Leichter wird es, wenn Sie drei Prinzipien berücksichtigen.

Nähe schaffen

Wer remote miteinander arbeitet, muss einfach, schnell und direkt Kontakt aufnehmen können. Nur so lässt sich Nähe trotz Entfernung schaffen. Das geht aber nur mit einer Technik, die nicht nur begeistert, sondern auch funktioniert. Ob Chatten auf Knopfdruck in einer Videostandschaltung, Online-Räume oder Wissens-Wikis – es gibt viele tolle Tools für die virtuelle Zusammenarbeit. Welches sind die besten für Ihr Team? Um dies zu entscheiden, brauchen Sie Medienkompetenz und einen möglichst guten Draht zum IT-Support.

Loslassen

Sie können nicht überall gleichzeitig sein. Und weil das so ist, sollte Ihr Team Eigenverantwortung leben. In hierarchisch geprägten Top-down-Strukturen lässt sich das nicht realisieren. Selbstorganisation ist nur möglich, wenn ein Klima der Offenheit, des Vertrauens und der Partizipation herrscht. Dazu gehört auch, Fehler nicht abzustrafen, sondern sie als Lern-Chance zu sehen.

Diversity leben

Ihr Team ist quer über den Globus verteilt? Das ist gut! Sehen Sie die Vielfalt als Chance, nicht als Nachteil. Es ist erwiesen, dass interkulturelle Teams erfolgreicher sind. Allerdings wirkt die Macht der Diversity nur dort, wo sie sich frei entfalten kann. Leeren Sie die Schubladen in Ihrem Kopf – regen Sie Ihre Mitarbeiter an, das gleiche zu tun.

Die 5 größten Herausforderungen beim Führen auf Distanz

Mit den folgenden Tipps bewältigen Sie die Tücken, die das Führen auf Distanz mit sich bringt.

Vertrauen schaffen

Fremdes erzeugt Ängste. Dieser Urinstinkt hat der Menschheit das Überleben gesichert. Er lässt sich nicht ausschalten. Ihm entgegenwirken können Sie nur, indem Sie Fremde zu Vertrauten machen. Initiieren Sie Face-to-Face-Begegnungen, am besten zum Projektstart ein Kick-off-Meeting vor Ort.

Stimmungen wahrnehmen

Gestik und Mimik verraten mehr über Emotionen als Worte. Wer sich größtenteils via E-Mail und Telefon austauscht, verzichtet auf diese Stimmungsindikatoren. Sind regelmäßige Präsenz-Meetings nicht möglich, können Videokonferenzen helfen. Auch Feedbackinstrumente sind geeignet, um sich ehrliche Rückmeldungen zu holen.

Lokale Besonderheiten

Wer ein Team führt, das auf verschiedene Länder verstreut ist, muss planerischen Weitblick beweisen. Ob Zeitverschiebungen, Feiertage, Schulferien oder Wetter – dies alles beeinflusst nicht nur den Arbeitsrhythmus, sondern auch die Zusammenarbeit des Teams.

Andere Sitten und Bräuche

Die Kultur, in der wir aufgewachsen sind, ist wie ein Filter, der unser Verhalten und Denken beeinflusst. Wer mit Menschen aus einem anderen Kulturkreis zu tun hat, sollte deren Filter kennen, verstehen und respektieren. Nur so ist eine erfolgreiche Zusammenarbeit möglich.

Technisches Know-how

Virtuelle Zusammenarbeit setzt solide Medienkompetenz voraus. Schulungen und Workshops helfen, Wissenslücken zu schließen.

Kreativitätstechniken

Heute sind innovative Lösungsansätze und flexibles, agiles Um-die-Ecke-Denken gefragt. Doch wie wird man kreativ? Die gute Nachricht: Kreativität ist nicht etwa nur den Künstlern und Freigeistern dieser Welt vorbehalten.

Mit einfachen, sofort einsetzbaren Techniken machen Sie aus jedem inspirationslosen Meeting eine bunte Ideenwerkstatt.

Der kreative Prozess: Alles andere als chaotisch

Gute Ideen fallen nicht vom Himmel. Wenn Sie im Team innovative Lösungen finden wollen, achten Sie auf eine stützende Struktur.

Das Modell des kreativen Prozesses geht auf den britischen Sozialpsychologen Graham Wallas zurück und hat etliche Abwandlungen erfahren. Wichtig zu wissen: Jede Phase verlangt nach eigenen Fähigkeiten, deshalb sollten Sie sie nicht vermischen.

Vorbereitung

Das Problem muss erkannt, verstanden und näher eingegrenzt werden, sonst wird das Ziel nicht klar. Sie brauchen eine solide Basis an Informationen und die richtigen Experten. Sorgfalt bei der Recherche und analytisches Denken sind gefragt.

Inkubation

Sie kennen das: Sie müssen sich mit ganz anderen Dingen beschäftigen, doch dann kommen Ihnen plötzlich Ideen zu Ihrem Problem. Tatsächlich führt Abstand dazu, dass sich unser Unbewusstes weiter produktiv mit dem Thema beschäftigt. Leider wird die Inkubationsphase gerne übersprungen – machen Sie diesen Fehler nicht.

Illumination

Die Phase der Ideengeneration. Mit dem Einsatz von Kreativitätstechniken und in geeigneter Atmosphäre – Abstand vom Arbeitsalltag durch Ortswechsel, kein Druck und Ähnliches – lässt sich der Output ankurbeln. Querdenken und verrückte Ideen sind erwünscht, Quantität geht vor Qualität. Alles wird gesammelt, aber Bewertungen unterbleiben, denn sie bremsen die kreative Freiheit.

Verifikation

Nun wird es wieder analytisch, denn die Ideen müssen evaluiert, ausgewählt und weiterentwickelt werden, und das sehr zielorientiert. Ab hier kann sich der kreative Prozess, insbesondere Phase zwei bis vier, bei Bedarf wiederholen.

Kreativität fördern ohne Stift und Papier

Ideen verzweifelt gesucht? Es gibt viele Möglichkeiten, seine Kreativität zu pushen, ob mit schnellem oder nachhaltigem Effekt.

Dem Spaziergang haben viele Künstler und Erfinder ein Loblied gesungen. Zu Recht: Beim Gehen ist man kreativer als im Sitzen, wie Forscher der Universität Stanford nachgewiesen haben. Dabei hilft die Bewegung insbesondere, wenn innovative Einfälle gefragt sind. Also raus an die frische Luft, wenn Ihnen nichts einfällt. Das Gute: Der Effekt hält eine Weile an, weshalb Sie auch vor Ideenworkshops eine Runde drehen sollten.

Eher in die Kategorie Fingergymnastik gehört der nächste Trick: Kneten. Das spielerische Formen von Figuren regt das räumliche Denken und die Phantasie an. Wenn Ihnen Kneten nicht liegt, bauen Sie etwas aus Lego. Manche Organisationen setzen auf moderiertes Legospielen, das sogenannte Lego Serious Play®, um Denk- und Erkenntnisprozesse zu fördern, etwa bei der Strategieentwicklung oder Teamfindung.

Ob Basteln, Malen oder Schreiben: Regelmäßige kreative Beschäftigung ist das beste Rezept, um sich für kreative Aufgaben zu rüsten. Dabei sind viele Gehirnregionen involviert und die Bildung neuer neuronaler Verknüpfungen wird angeregt. Das fördert unsere Fähigkeit zum vernetzten Denken auch in anderen Zusammenhängen. Zudem können uns kreative Tätigkeiten in einen Flow-Zustand versetzen, in dem uns scheinbar alles wie von selbst von der Hand zu gehen scheint.

Das Force-Fit-Spiel: originell quergedacht

Laterales Denken in hohem Tempo macht den Reiz dieser kreativen Methode aus. Zwei Teams treten gegeneinander an.

Das Force-Fit-Spiel ist bestimmt von knappem Zeitlimit und Wettkampfcharakter. Der Clou ist der Gedankensprung: Von einem konkreten Zufallsbegriff müssen die Teams eine Verbindung zur Problemstellung finden. Das funktioniert zum Beispiel über Verfremdung oder Assoziationsketten. So entstehen überraschende, unkonventionelle Ideen. Geeignet ist das Force-Fit-Spiel für Gruppen ab 6 Personen.

Ablauf und Regeln

1. Die Ausgangsfrage muss konkret definiert sein. Es werden zwei gleichstarke Teams gebildet und ein Schiedsrichter benannt.
2. Jedes Team erhält Karten, um Lösungen aufzuschreiben. Diese werden nach jeder Runde an die Pinnwand geheftet.
3. Team A fängt an und einigt sich auf ein Reizwort. Davon ausgehend muss Team B eine oder mehrere Lösungen entwickeln. Dazu hat es nur zwei Minuten Zeit. Der Schiedsrichter entscheidet über die Gültigkeit der Lösungen.
4. Hat Team B eine oder mehrere Lösungen gefunden, erhält es einen Punkt und darf in der nächsten Runde Team A einen Begriff vorgeben. So geht es weiter im Wechsel.
5. Findet ein Team keine Lösung, geht der Punkt an das gegnerische Team, das dann wie im Tennis erneut mit einem Reizwort »aufschlägt«.
6. Das Spiel ist auf 30 Minuten begrenzt. Danach werden die Lösungsvorschläge von allen gemeinsam ausgewertet.

Blockaden überwinden mit Tick-Tock

Sie kommen mit einer Idee nicht weiter? Es bauen sich nur Probleme auf? Wenn es klemmt, hilft die Tick-Tock-Übung.

Sie brauchen dafür einen Zettel oder ein Dokument mit einer zweispaltigen Tabelle. Schreiben Sie Ihr Problem bzw. Ihre Frage über die Tabelle. Beschriften Sie die linke Tabellenspalte mit »Tick«, die rechte mit »Tock«.

Tick: Negatives

Unter »Tick« notieren Sie alle negativen Gedanken, die Ihnen durch den Kopf schießen:

- Schwierigkeiten,
- Einwände Ihres inneren Kritikers,
- befürchtete Gegenargumente,
- Risiken,
- Zweifel,
- Ängste, so zum Beispiel: »Ich habe Angst davor, dass meine Chefin meine Idee ablehnt.«

Tock: Positives

Den zweiten Teil der Übung absolvieren Sie idealerweise mit etwas Abstand. Denn nun geht es darum, jede Tick-Aussage einer kritischen Prüfung zu unterziehen.

- Was kommt Ihnen nun übertrieben vor?
- Was sind Ausflüchte oder Scheinargumente?
- Wie lässt sich ein Einwand entkräften, ein Risiko minimieren, ein Problem umgehen?

Die jeweilige Denk- oder Handlungsalternative setzen Sie in die Tock-Spalte, positiv und aktiv formuliert. Zum Beispiel: »Bevor ich die Idee der Chefin vorstelle, spreche ich mit Kollege Leo darüber.«

Die Übung eignet sich auch für die Teamarbeit und insbesondere dann, wenn disruptive Ideen diskutiert werden, die Unsicherheit auslösen. Sammeln Sie zuerst die »Ticks« und lassen Sie dann in Kleingruppen Vorschläge für die »Tocks« entwickeln.

Intuitiv kreativ mit 6-3-5-Brainwriting

Das 6-3-5-Brainwriting ist eine Kreativitätstechnik, die auf Intuition setzt. Sie ist verwandt mit dem Brainstorming. Allerdings schreiben die Teilnehmenden hier ihre Ideen auf, statt sie in die Runde zu rufen. Das hat den Vorteil, dass auch eher introvertierte Gruppenmitglieder zum Zuge kommen.

Die Formel 6-3-5 resultiert aus der Struktur, die beim Aufschreiben der Ideen vorgegeben wird: 6 Teilnehmende schreiben pro Runde jeweils 3 Lösungsvorschläge zu einem Problem auf, die dann 5 Mal in der Runde für jeweils 3 neue Ideen dazu im Uhrzeigersinn weitergereicht werden. Auf diese Weise kommen schnell insgesamt 108 verschiedene Ideen zusammen.

	Idee 1	Idee 2	Idee 3
Teilnehmer 1			
Teilnehmer 2			
Teilnehmer 3			

	Idee 1	Idee 2	Idee 3
Teilnehmer 4			
Teilnehmer 5			
Teilnehmer 6			

Umdenken mit der Osborn-Checkliste

Der Entwickler der Brainstorming-Technik Alex F. Osborn erfand noch eine weitere sehr hilfreiche intuitive Kreativitätstechnik: die nach ihm benannte Osborn-Checkliste.

Anhand von 9 Fragen leiten Sie die kreative Energie Ihres Teams gezielt in andere Richtungen und erweitern damit den Ideenhorizont:

1. Anders einsetzen: Können wir XY für etwas anderes verwenden?
2. Adaptieren: Was davon können wir anders nutzen, ändern, umgestalten oder anpassen?
3. Vergrößern: Können wir XY vervielfältigen, verlängern, aufblasen etc.?
4. Verkleinern: Können wir von XY etwas wegnehmen oder XY aufspalten? Ist kürzen oder leichter machen möglich?
5. Ersetzen: Was lässt sich an XY austauschen?
6. Umstellen: Lässt sich die Reihenfolge von XY ändern oder durcheinanderwirbeln?
7. Umkehren: Lässt sich das Gegenteil aus XY machen, oder lässt sich XY spiegeln oder von A nach B drehen?

8. Kombinieren: Können wir XY mit anderen Elementen verbinden oder zerlegen und wieder neu, aber anders zusammensetzen?

9. Transformieren: Können wir XY ausdehnen, zusammenpressen, schmelzen, verflüssigen, stauchen etc.? Können wir aus XY etwas ganz Neues machen?

Die Kopfstandmethode

Sie und Ihr Team kommen einfach nicht mehr weiter? Niemand hat eine Idee? Eine Methode, um Denkblockaden zu lösen, ist die Umkehrtechnik:

1. Stellen Sie das Problem auf den Kopf, drehen Sie es um. Sie überlegen mit Ihrem Team, wie Sie künftig noch mehr Kunden akquirieren können? Fragen Sie sich genau das Gegenteil: Wie schaffen wir es, möglichst viele Kunden zu verlieren?

2. Dann geht es ans Brainstorming: Jeder überlegt sich, wie sich das Problem verschlimmern lässt. Sie werden sehen: Die Runde wird in kürzester Zeit eine ganze Menge Ideen dazu finden. Der Grund für die plötzliche kreative Energie ist ein organischer: Dem Gehirn fällt es leichter, in Problemen als in Lösungen zu denken.

3. Sind genug Verschlimmbesserungsideen vorhanden, kommt der nächste Schritt: Die Ergebnisse werden erneut umgekehrt. Oft kommen so ganz unerwartete Lösungsvarianten zur Ausgangsfrage zutage.

Die Walt-Disney-Methode: Horizonterweiterung dank Rollenwechsels

Sie brauchen frischen Wind im Projekt? Probieren Sie eine Strategie, mit der ein Genie seine besten Ideen entwickelt hat.

Walt Disney, der Schöpfer von Mickey Mouse, war nicht nur ein Mensch mit großartigen Visionen, sondern auch ein höchst erfolgreicher Unternehmer. Eines seiner Erfolgsrezepte war folgende Methode: Um seine Projekte aus unterschiedlichen Perspektiven zu betrachten, schlüpfte er in drei Rollen und wechselte je nach Rolle den Ort. Um sich als kreativer Träumer seinen Ideen hinzugeben, habe er sich in ein Haus am See zurückgezogen, sagt man. Um seine Ideen als realistischer Planer zu überprüfen, setzte er sich ins Büro. Danach war wieder ein Ortswechsel angesagt, um sein Vorhaben als konstruktiver Kritiker auf Machbarkeit zu testen.

Sie haben (noch) kein Haus am See? Es reichen auch drei Stühle, um alleine oder mit Ihrem Team die folgenden Rollen mit Leben zu füllen.

1. Träumer: Entwickeln Sie Ihre Ideen für die Zukunft. Alles ist erlaubt: Luxuriöse, knallbunte Luftschlösser bauen und die Grenzen des Machbaren sprengen.
2. Realist: Regie führt allein Ihr Verstand. Filtern Sie das Beste aus Ihren Träumen heraus. Stricken Sie daraus einen machbaren Plan.
3. Kritiker: Betrachten Sie Ihre Idee kritisch von außen. Welche Probleme und Stolpersteine sehen Sie?

Das Tolle an dieser Methode? Wer ohne »Ja, aber ...« und »Geht das denn?« träumen darf, kann richtig kreativ werden. Und: Ein Perspektivwechsel erweitert den Horizont ungemein.

Ideen bewerten: 3 einfache Techniken

Zahlreiche Ideen sind gesammelt, nun müssen sie zielgerichtet evaluiert werden: Welche haben Potenzial? Wenn Sie Ideen im Team auswerten, stellen Sie zunächst sicher, dass alle Vorschläge auf der Pinnwand dokumentiert sind. Gruppieren Sie ähnliche Ideen und entfernen Sie redundante.

- Die Spreu vom Weizen trennen Sie mit der **ABC-Analyse**. A-Ideen haben viel Potenzial und werden auf jeden Fall weiterverfolgt. Bei B-Ideen ist dies weniger eindeutig, wenngleich auch bei ihnen eine genauere Betrachtung lohnt. Die restlichen C-Ideen scheiden aus. Die Analyse können Sie allein oder im Team anwenden, etwa durch Handabstimmung oder Anbringen von farbigen Punkten (grün für A, gelb für B etc).

- Das **Punktekleben** eignet sich auch bei der nächsten Verfeinerung. Jeder Teilnehmer vergibt drei Punkte an seine(n) Favoriten. Definieren Sie dafür klare Kriterien, so zum Beispiel, welche Idee den größten Effekt hat oder sich am einfachsten umsetzen lässt. Wo sich die Punkte sammeln, daran wird weitergearbeitet.

- Fünf Ideen sind übrig – welche wird zuerst umgesetzt? Beim **Rosinenpicken** betrachtet man jede Idee genau: Welche positiven Aspekte hat sie? Sie werden zusammengetragen, dann darf jeder bis zu drei Nachteile nennen. Geben Sie dem Team Zeit, um die Alternativen gründlich zu validieren und die Ergebnisse zu diskutieren. Anschließend wird abgestimmt. Übrigens: Mit einer wirklich ablenkenden Pause zwischen Ideensammlung und Bewertung verläuft die Suche nach den besten Ideen erfolgreicher.

Herausforderung Diversity

Im Business treffen die unterschiedlichsten Menschen und Kulturen aufeinander. Wer die Vielfalt als Chance und nicht als Hindernis sieht, hat schon viel gewonnen. Zusätzlich eine gute Portion Sensibilität und Akzeptanz sorgt für gelebte Diversity. Hilfreiche Strategien dafür finden Sie in diesem Kapitel.

Jeder Mensch ist anders – und das ist gut so

Menschen haben unterschiedliche Motive und Werte. Wer das anerkennt, kann erfolgreich mit anderen zusammenarbeiten.

Wie Menschen handeln und entscheiden, was sie brauchen und in welcher Rolle sie sich wohlfühlen, basiert auf ihren Motiven und Werten. Den einen treibt Ehrgeiz an, vielleicht auch Macht- und Gestaltungswille. Eine andere hat das Bedürfnis nach Kontrolle, während ein anderer seine Freiheit schätzt.

Nun können Sie es sich auch in Ihrem neuen Job nur begrenzt aussuchen, mit wem oder für wen Sie arbeiten. Und manchmal kollidieren individuelle Antriebe und Ziele. Das kann zu Reibungen und Konflikten führen. Um das zu vermeiden, ist es hilfreich, wenn Sie Verhaltensweisen, die Sie nicht nachvollziehen können, unter dem Aspekt betrachten, was den anderen dazu antreibt. Wenn Sie das Motiv verstehen, entfällt die Schuldfrage. Sie können den anderen besser einordnen, gelassener auf ihn reagieren, vielleicht sogar von ihm lernen.

Und vergessen Sie nicht: So herausfordernd Teamarbeit manchmal ist – es sind die unterschiedlichen Sichtweisen, die unser Arbeitsleben bereichern.

Wie Sie Gender Diversity leben

Vorurteile sind wie Läuse: niemand will sie haben und trotzdem befallen sie uns. Das Schöne: es gibt eine Kur dafür.

Stereotype haben durchaus etwas Positives: Dank der simplen Denkmuster kann unser Gehirn Informationen leichter einordnen. Im Job wirken sie jedoch fatal, meistens zulasten der Frauen: Die sind zu weich, zickig und wenig flexibel. Solche Vorurteile halten sich hartnäckig, obwohl erwiesen ist: Sie sind definitiv falsch.

Natürlich sind Männer und Frauen verschieden. Aus der bunten Vielfalt ein Einheitsgrau zu machen, wird nicht gelingen. Ihr Ziel sollte ein anderes sein: Weg von negativen Denkmustern – hin zur gezielten Nutzung aller Vorteile, die Frau und Mann anzubieten haben. Das geht aber nur, wenn sich jede und jeder vorurteilsfrei entfalten kann. Ihre Aufgabe ist es, ein Klima dafür zu schaffen.

Zuerst: Sie selbst

Wir alle sind geprägt von Rollenbildern, die uns in der Kindheit vorgelebt wurden. Sie beeinflussen uns auch im Job, und zwar unbewusst. Hinzu kommt, dass wir uns gerne mit denen umgeben, die uns ähnlich sind. All dies gräbt Wahrnehmungsfallen in unseren Weg. Um nicht hineinzustolpern, hilft nur eines: kritische Selbstreflexion. Trauen Sie Lars mehr zu als Lisa? Fragen Sie nach dem Warum. Fällt Ihnen kein Sachargument ein, sollten Sie ganz genau hinsehen.

Null-Toleranz-Politik

Lars stichelt im Meeting gegen Lisa: »Typisch Frau! Lässt sich vom Kunden einfach unterbuttern.« Diese Grenzüberschreitung zu ignorieren, wäre falsch. Zeigen Sie solchem Verhalten die rote Karte, mit aller Vehemenz: Stopp, so geht es nicht!

Umgeben von Silberrücken? Wie Sie ältere Mitarbeiter auf Ihre Seite ziehen

Neu als Chef und dann auch noch jung? Schwierig, aber lösbar mit der richtigen Strategie.

Im asiatischen Kulturkreis haben ältere Menschen immer Recht, auch wenn die Fakten gegen sie sprechen. In unseren Breitengraden sieht es anders aus: Wer mehr Jahre auf dem Buckel hat, muss nicht unbedingt weise sein. Allerdings erleben es Mitarbeiter auch hier als unfair, wenn Seniorität überhaupt keine Rolle spielen soll.

Respekt!

Jan ist der neue Teamleiter und ein sehr junger obendrein, gerade mal 33 Jahre alt. Quereinsteiger noch dazu: Er kennt bisher weder die Abteilung noch die dort betreuten Produkte. Ob Erfahrung, Lebensalter, fachliche Expertise – in all diesen Punkten sind ihm die Silberrücken seines Teams voraus. Was nun?

Die Chef-Karte zu spielen und mit seiner Position aufzutrumpfen oder die älteren Teammitglieder als out abzustempeln, wäre eine sehr schlechte Idee. Denn dann läuft Jan Gefahr, Opfer einer bewährten Rachestrategie alter Hasen zu werden: Sie lassen das Küken ins offene Messer laufen, weil sie ihr Knowhow für sich behalten.

Jan wird nur einen guten Job machen, wenn er den Erfahrungsvorsprung als einen Schatz begreift, von dem auch sein Erfolg als Führungskraft abhängt. Wie das geht? Er fragt seine Mitarbeiter um Rat, er sagt ihnen klipp und klar, dass er sie braucht, und bindet sie in seine Entscheidungen mit ein. Das heißt nicht, dass er die Regie aus der Hand gibt. Auch die Vorrangstellung qua Position verdient Respekt.

Mitarbeiter führen im Generationen-Mix

Wie gelingt es, dass Mitarbeiter unterschiedlicher Generationen an einem Strang ziehen?

»Wie altmodisch sind die denn?« – »Diese Grünschnäbel kommen her und denken, sie können schon alles!« Nicht überall, wo Jung und Alt zusammenarbeiten, müssen Sie auf solche Vorurteile stoßen. Dennoch: Angesichts der demografischen Entwicklung und des Technologie- und Wertewandels ist generationengerechtes Führen eine echte Zukunftsaufgabe. Im Verhältnis werden immer weniger Junge nachrücken, und allein die »Übermacht« der älteren Generationen verlangt nach Brücken.

Um diese zu bauen, braucht es Verständnis für die verschiedenen Erwartungen und Präferenzen. Welchem Arbeits- und

Führungsideal folgen Babyboomer oder die Generation X im Gegensatz zu den Millennials oder zur Generation Z? Wie wirkt sich die unterschiedliche Prägung auf die Kommunikation oder das Lernen aus?

Spaß an der Tätigkeit mag für jüngere Mitarbeiter wichtig sein, für die älteren wichtiger ist die klare Trennung von Arbeit und Freizeit. Das virtuelle Seminar mag der Generation Internet gefallen, der älteren kommt das Präsenzseminar mehr entgegen. Doch Vorsicht: Das sind Tendenzen. Und Generationen lernen voneinander, in jede Richtung. Ihre Aufgabe ist es, dies zu fördern und den Know-how-Transfer sicherzustellen. Besonders gut geht das mit Mentoren-Tandems aus Alt und Jung, in denen der Wissensaustausch bilateral stattfindet.

Aber zuvorderst gilt es ein Klima zu schaffen, in dem sich jeder wohlfühlt. Wo Toleranz und Wertschätzung herrschen, wird das generationengemischte Team erfolgreich sein.

Interkulturelle Teams führen: die Dos and Don'ts

»Dann muss er sich halt anpassen.« So oder ähnlich lauten Tipps für das Führen im interkulturellen Umfeld. Stopp, falsch!

Ihre Mitarbeiter zu verbiegen, ist keine Lösung. Denn die Unterschiede sind da. Wer sie ignoriert, setzt sich auf ein Pulverfass. Lohnender sind die folgenden Führungsstrategien.

Unterschiede als Chance begreifen, nicht als Nachteil

Denken wir selbst vielleicht zu einseitig? Ist die Herangehensweise des Mitarbeiters aus Japan etwa doch besser als die unsere? Eine andere Kultur bietet die große Chance, viele neue Best Practices zu entdecken. Das Fundament dafür ist ein offenes Mindset. Arroganz ist eine Falltür.

Informieren, nicht ignorieren

Kulturen sind komplex. Sie zeigen sich in Gestik, Worten, Verhalten und Ritualen. Informieren Sie sich über die Eigenheiten. Allein das Wissen darüber justiert den eigenen Wahrnehmungsfilter. Literatur gibt es genug. Noch besser ist der Austausch mit Kollegen, die über Know-how im internationalen Kontext verfügen. Das beste Training ist jedoch ein Aufenthalt vor Ort.

Persönlichen Kontakt suchen – nichts persönlich nehmen

Die Mitarbeiterin aus Nahost gibt Ihnen nicht die Hand? Der Kollege aus Brasilien kommt dauernd zu spät? Was hierzulande für mangelnden Respekt steht, hat woanders eine ganz andere Bedeutung. Nehmen Sie solche Dinge nie persönlich, sondern gelassen. Wenn Sie etwas nervt, sprechen Sie es im Vier-Augen-Dialog an. Fragen Sie, was Sie tun können, um die Situation zu erleichtern – für beide Seiten.

Entscheidungen treffen

A, B, C oder doch lieber D? Entscheiden ist schwer, vor allem in einer Welt, die uns so viele Optionen eröffnet. Doch wie erkennen Sie, was richtig ist und was falsch? Patentrezepte gibt es dafür nicht. Zumindest aber hilfreiche Tipps. Einige davon haben wir in diesem Kapitel zusammengefasst.

Entscheidungen souverän fällen und vertreten

Entscheidungsstärke ist ein wichtiger Führungsskill. Es braucht Fokus, Willenskraft und Mut, um auch unter Druck und in vieldeutigen Situationen zu sagen: »Wir machen es genau so.«

Warum sind Sie Führungskraft geworden? Sie haben im richtigen Moment richtig entschieden. Doch jetzt müssen Sie mit dem Risiko von Fehleinschätzungen leben. Vor allem, weil Sie in Ihrer Position oft schnell entscheiden müssen. Hier empfehlen Experten, auf Hilfsmittel wie Checklisten zurückzugreifen. Fragen Sie nach dem »Warum?«, um zum Kern des Problems zu stoßen. Und zur Absicherung danach, ob Sie in einem Monat bzw. einem Jahr auch noch mit der Entscheidung leben können. Um viele Perspektiven einzubeziehen, entscheiden Sie mit dem Team – aber in einem effektiv strukturierten Prozess, wie zum Beispiel mithilfe einer Risikoanalyse.

Informationsblase – nein danke!

Wer gute, objektive Entscheidungen treffen will, bezieht Kritiker ein. Und verhindert dadurch, dass nur die Fakten und Meinungen Berücksichtigung finden, die die eigene Sicht bestätigen. Erwächst aus der kritischen Sicht eine konstruktive Alternative? Gut! Wenn nicht, ist Ihr Favorit umso begründeter.

Sie bekommen nachträglich Gegenwind? In der Rückschau werden Entscheidungen selten fair beurteilt. Denn unser Gehirn neigt dazu, Schnipsel aus der Gegenwart in die Vorgeschichte zu mixen. Entscheiden konnten Sie jedoch nur auf Basis der Informationen, die damals vorlagen. Und dass diese Basis Qualität hatte, haben Sie hoffentlich durch eine gute Vorbereitung sichergestellt.

3 klassische Entscheidungsfehler

Sie sind der Ansicht, dass Sie Ihre beruflichen Entscheidungen rein rational treffen? Irrtum! Ob in Verhandlungen oder im Meeting – Tag für Tag entscheiden Führungskräfte unzählige Male und sind überzeugt davon, dass sie das objektiv tun. Ein Trugschluss. Nicht der Kopf, sondern der Bauch regiert. Wir entscheiden intuitiv und tappen, gesteuert von Emotionen, in eine ganze Reihe von Denkfallen. Und das ist uns noch nicht einmal bewusst. Doch es geht auch anders: Allein das Wissen um diese Irrtümer hilft, sie künftig zu vermeiden.

- **Die Aufmerksamkeits-Illusion**

Kennen Sie das? Sie kreisen um ein Problem. Alles, was damit zu tun hat, steht im Fokus, alles andere wird ausgeblendet. Ein typischer Fall von WYSIATI: »What you see is all there is«. Gefährlich im Business: So dreht sich etwa bei Verhandlungen plötzlich alles nur noch um den Preis, andere Kriterien spielen keine Rolle mehr. Auch Konflikte triggern diesen Denkfehler: Alle Spots sind auf den Streit gerichtet, Lösungsoptionen bleiben im Dunkel.

- **Der Schein trügt**

Unser Gehirn merkt sich das, was auffällig ist. Es verwechselt die Frage »Wie wahrscheinlich ist es?« mit »Wie leicht fällt es mir ein?«. Dieser Availability Bias führt zu fatalen Fehlentscheidungen vor allem bei der Risikoanalyse.

- **Blinder Aktionismus**

Gibt es ein Problem, preschen viele sofort los. Der Action Bias ist weit verbreitet: Gerät ein Unternehmen unter Druck, leitet das Management gleich Maßnahmen ein: stärkeres Controlling, höhere Zielvorgaben etc. Ob die Ad-hoc-Entscheidungen sinnvoll sind, weiß zu dem Zeitpunkt niemand. Hauptsache, es wird gehandelt! Schließlich will man sich später nicht dem Vorwurf aussetzen, untätig geblieben zu sein.

Das 1x1 des Entscheidens

Als Führungskraft erwartet man Entscheidungen von Ihnen, klar. Leider ist das oft gar nicht so leicht. Option A oder B oder doch lieber C? Welche ist die richtige, welche die falsche? Die folgenden Tipps lindern die Qual der Wahl.

- **Nicht verzetteln**

Keine Wahl zu haben ist schlecht. Zu viele Optionen zu haben, ist noch schlechter. Studien belegen, dass eine zu große Auswahl überfordert, lähmt und zu qualitativ schlechten Entscheidungen führt. Die Lösung lautet daher: Mut zur Lücke. Allen gerecht zu werden, funktioniert ohnehin nicht.

- **Unsicherheit aushalten**

Entscheidungen, die uns heute richtig erscheinen, können morgen schon falsch sein. Unsere Welt dreht sich immer schneller.

Disruptive Innovationen, politische und soziale Umwälzungen – alles Faktoren, die nicht vorhersehbar sind. Es sei denn, Sie sind Prophet. Für alle Nicht-Auserwählten gilt der Tipp: Entwickeln Sie Ambiguitätstoleranz. Nehmen Sie Unwägbarkeiten als etwas Selbstverständliches hin – das entspannt ungemein, vor allem beim Entscheiden.

- **Nie auf die lange Bank schieben**

Leiden Sie auch an Prokrastination? Dieser nach Krankheit klingende Begriff steht für die Neigung, Dinge auf die lange Bank zu schieben. Sie befällt uns allzu gerne, wenn wir vor einer komplexen Entscheidung stehen: Bevor wir das Falsche wählen, sitzen wir die Sache lieber aus. So lange, bis es gar nicht mehr anders geht, und wir unter Zeitdruck dann »irgendwie entscheiden«. Glücklicherweise ist Aufschieberitis heilbar mit der Medizin »Einfach loslegen!«. Wenn die erste Hürde genommen ist, fällt auch der Rest leicht.

Mitarbeiter miteinbeziehen

84 % der in einer Studie befragten Mitarbeiter im deutschsprachigen Raum (zur Quelle der Studie siehe Literatur) wünschen sich mehr Mitsprache bei Entscheidungen. Die Realität in den Unternehmen sieht aber leider anders aus. Dabei lohnt es sich, Mitarbeiter partizipieren zu lassen: Sie stecken meist viel tiefer in der Materie. Zudem motiviert es Menschen ungemein, wenn sie gefragt und vor allem auch gehört und nicht nur vor vollendete Tatsachen gestellt werden.

Literatur

Bodell, Lisa: Kill the Company, Brookline, USA 2012.

Drath, Karsten: Resilienz in der Unternehmensführung, Freiburg, München 2016.

Gigerenzer, Gerd: Risiko – Wie man die richtigen Entscheidungen trifft, München 2020.

Haufe-Lexware GmbH & Co. KG (2014): Studie »Mitarbeiter und Mitentscheider« in: Personalwirtschaft, Ausgabe 6/2014.

Kahneman, Daniel: Schnelles Denken – Langsames Denken, München 2012.

Kuzinski, Christoph, Denkfallen vermeiden, Freiburg, München 2019.

Lienhart, Andrea/Volk, Theresia, Souveräner Umgang mit schwierigen Zeitgenossen, Freiburg, München, 2. Aufl. 2020.

Nickel, Susanne/Keil, Gunhard, So geht Agilität, Freiburg, München 2020.

Preußig, Jörg: Agiles Projektmanagement, Freiburg, München 2020.

Rose, Nico: Führen mit Sinn, Freiburg, München 2020.

Stichwortverzeichnis

1-2-3-Technik 28
3-W-Technik 47
5-W-Methode 68
6-3-5-Brainwriting 105

ABC-Analyse 109
Agilität 90
Antreiber 23
Aufschieberitis 33, 123
Availability Bias 122

Change 89
Critical Leader Relationship 19

Delegieren 93
Denkfallen 121
Diversity 96
Drei-Minuten-Regel 30

Eigenverantwortung 15
Eisenhower-Technik 29
Elevator Pitch 19

Feedback 36
Fehlerkultur 67
Fokuszeit 22
Force-Fit-Spiel 102
Fragetechniken 40

Harvard-Konzept 62
High-Power-Pose 13

Info-Detox 28

Konfliktmoderation 59
Konzentration 25

Krisen 65
Kritik 37, 71

Lösungsorientierung 58

Mikropause 26
Mitarbeitergespräch 50
Motivation 75

Nein sagen 45
Netzwerk 10, 18

Osborn-Checkliste 106

Pareto-Prinzip 27
Priorisieren 28

Quick-Wins 78

Reframing 38
Regeneration 23
Resilienzfaktoren 24

Sandwich-Manager 79
Schlüsselbotschaft 43
Servant Leadership 84
Skalenfrage 40
Stand-up-Meeting 32
Stressresistenz 23

Tick-Tock-Übung 103
Timebox-Technik 32

Warum-Frage 13

Impressum

Bibliografische Information der Deutschen Nationalbibliothek
Die Deutsche Nationalbibliothek verzeichnet diese Publikation in der Deutschen Nationalbibliografie; detaillierte bibliografische Daten sind im Internet über http://www.dnb.dnb.de abrufbar.

Print: ISBN: 978-3-648-15322-2   Bestell-Nr.: 10766-0001
ePub: ISBN: 978-3-648-15323-9   Bestell-Nr.: 10766-0100
ePDF: ISBN: 978-3-648-15324-6   Bestell-Nr.: 10766-0150

Nicole Jähnichen, Ilonka Kunow
80 Hacks für den Führungsalltag – Die besten Impulse und Tipps
1. Auflage 2021

© 2021, Haufe-Lexware GmbH & Co. KG, Munzinger Straße 9, 79111 Freiburg
Redaktionsanschrift: Fraunhoferstraße 5, 82152 Planegg/München
Internet: www.haufe.de
E-Mail: online@haufe.de
Redaktion: Jürgen Fischer

Bildnachweis (Cover): Jacob Lund, Adobe Stock;

Alle Rechte, auch die des auszugsweisen Nachdrucks, der fotomechanischen Wiedergabe (einschließlich Mikrokopie) sowie der Auswertung durch Datenbanken oder ähnliche Einrichtungen, vorbehalten.

Die Autorinnen

Nicole Jähnichen und Ilonka Kunow

sind die Köpfe der Agentur »eisbach«, die auf redaktionellen Content, SEO-Texte und B2B-Werbung spezialisiert ist.

Als Fachjournalistinnen schreiben sie Artikel, Blogbeiträge und Bücher für große Fachverlage rund um die Themen Führung, Digitalisierung, Recht, Personalmanagement, Wirtschaft und Steuern. Sie konzipieren und verfassen Texte für Websites, Mailings und viele andere Werbemittel.

Mehr über die Autorinnen via www.eisbach-text.de

KOMPAKTE EINFÜHRUNG INS THEMA OKR

256 Seiten
Buch: **€ 11,95** [D] | eBook: **€ 6,99**

Die OKR-Methode hilft sicherzustellen, dass alle Aktivitäten auf die gleichen, wichtigsten Ziele innerhalb der gesamten Organisation ausgerichtet sind. Wie das geht, zeigt dieser TaschenGuide.

Jetzt versandkostenfrei bestellen:
taschenguide.de
0800 50 50 445 (Anruf kostenlos) oder in Ihrer Buchhandlung

Führungswissen auf den Punkt

Dicke Fachbücher für gute Mitarbeiterführung gibt es reichlich. Das ist auch nicht verwunderlich, denn Mitarbeiterführung ist ein ausgesprochen wichtiges Thema. Doch gerade Führungskräfte haben nicht die Zeit für eine lange Lektüre. Für all jene bietet dieses Buch kompakte Informationen, mit denen sie ihre täglichen Aufgaben leichter meistern.

> - Survival-Tipps für die ersten 100 Tage als Führungskraft
> - Strategien für ein besseres Selbstmanagement
> - Hilfreiches für den Umgang mit Krisen und Konflikten
> - Die Dos & Dont's der Mitarbeiterführung: Motivieren, Vertrauen aufbauen, Kreativität fördern, Führen auf Distanz

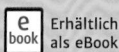
Erhältlich als eBook

€ 9,95 [D]
ISBN 978-3-648-15322-2
Bestell-Nr. 10766-0001
www.haufe.de

TASCHENGUIDE